DE LA PRÉPARATION ET DE L'AMÉLIORATION

DES FUMIERS

ET DES ENGRAIS DE FERME EN GÉNÉRAL

TABLE MÉTHODIQUE.

L'économie sociale, en nous livrant les secrets de l'existence de l'homme, a fait de l'étude des fumiers une véritable question humanitaire.

Si infime, si méprisable qu'elle paraisse, ce n'est pas moins sur elle que reposent le présent et l'avenir des nations.

C'est l'agriculture qui nourrit l'homme et les animaux domestiques. C'est elle qui fournit la base la plus solide de l'existence et de la richesse des peuples : que les produits qu'elle donne viennent à diminuer, la famine apparaîtra ou des centaines de millions seront exportés.

Elle doit être l'objet de la plus grande sollicitude, non seulement des gouvernements, mais de tous ceux qui, de près ou de loin, sont appelés à y prendre une part active.

Professeur de chimie agricole près la Faculté

des sciences de Bordeaux, j'ai cru remplir un devoir en extrayant du cours que je fais chaque année quelques-unes des leçons relatives à la préparation et à l'amélioration des fumiers, et en les résumant dans un opuscule. J'ose espérer qu'il rendra quelques services, que des matières perdues seront utilisées, que la production générale s'en trouvera augmentée, et que les cultivateurs mieux éclairés sur leurs propres intérêts, trouveront des avantages réels à mettre en pratique les indications qui y sont consignées.

Les fumiers ne sont pas les seuls engrais qui conviennent à une exploitation agricole ; il y a encore *les engrais pulvérulents* et *les engrais employés par la voie de l'irrigation*. Les uns et les autres ont une valeur considérable; mais j'en ferai l'objet d'une autre publication.

L'agriculteur à qui la science fait défaut est comme la plupart des hommes : il se méfie de tout et redoute l'inconnu ; il veut avoir l'explication de ce qu'on lui enseigne, et la preuve certaine qu'il réussira. Il veut, enfin, comme bien des philosophes qui ne sont pas plus sages que lui, remonter à la cause première de toutes choses, et, faute de rien comprendre aux théories établies par la science, il repousse invariablement toute espèce d'innovation. Il en résulte qu'il ne peut obtenir la moindre amélioration, que ses bénéfices sont fort maigres, et qu'il est loin de rendre à la société les services qu'elle attend de lui.

Afin d'éviter une exposition scientifique qui eût fait d'une brochure un livre très considérable, j'ai résumé les principales découvertes des sciences modernes dans un petit nombre de principes généraux qui sont reconnus par tous les savants. Il suffira de les admettre comme des vérités démontrées, et tout le reste en sera la conséquence immédiate.

L'application de ces principes est simple et facile. Je me bornerai à en donner un exemple qui suffirait à lui seul pour représenter la base de l'agrologie.

Comme rien ne se fait de rien (IV), *que les éléments chimiques ne peuvent être transmués les uns dans les autres* (VI), *et qu'ils ne peuvent être substitués les uns aux autres* (V et XVII, III), *si un végétal exige des éléments déterminés pour se développer, comme le phosphate de magnésie pour le blé* (X), *et si ce produit manque dans le sol, il faudra forcément l'y ajouter; car, sans cela, ce végétal ne pourra croître ni fructifier.*

Ceux qui ne voudront point admettre ces principes et les applications qui en découlent, pourront au moins faire des essais. Rien ne les oblige à opérer sur la totalité de leurs terres. Ils doivent même ne le faire que sur une partie : les résultats qu'ils obtiendront suffiront pour les convaincre entièrement.

Les agriculteurs doivent d'ailleurs être pénétrés de cette vérité, que tout ce qui leur est proposé dans cet opuscule *a été essayé et a donné d'excellents résultats*. Il n'y a donc aucun doute à émettre, et il ne peut y avoir aucune crainte de ne pas réussir.

BAUDRIMONT.

Bordeaux, le 1er octobre 1866.

DE LA PRÉPARATION

ET DE L'AMÉLIORATION

DES FUMIERS

OU DES ENGRAIS DE FERME

I

PARTIE THÉORIQUE.

Principes généraux.

I

Il est un fait incontestable, acquis par l'expérience pendant une longue suite de siècles, et connu de tous les agriculteurs, c'est que le sol arable s'épuise et ne peut récupérer sa fertilité que par l'introduction des produits qui lui ont été enlevés par les récoltes.

II

Les produits enlevés par les récoltes sont de deux espèces : les uns sont organiques, les autres sont minéraux.

III

Tous les corps terrestres que nous connaissons sont

réductibles par l'analyse chimique en un petit nombre d'éléments.

Les éléments qui interviennent dans l'agriculture et dans la formation des végétaux sont au nombre de seize seulement.

Noms des seize éléments chimiques concourant à la production des êtres organisés :

I. Hydrogène, — Oxygène, — Azote, — Carbone.
II. Silicium, — Aluminium.
III. Calcium, — Magnésium, — Fer, — Manganèse.
IV. Potassium, — Sodium.
V. Phosphore, — Soufre, — Chlore, — Fluor.

IV

Jusqu'à ce jour, les éléments chimiques n'ont pu être transformés les uns dans les autres.

V

Non seulement cette transformation ne peut avoir lieu par les moyens qui sont à notre disposition, mais les éléments ne peuvent être substitués les uns aux autres. *En d'autres termes, ils ne peuvent être remplacés les uns par les autres dans l'édification des végétaux*, et, par suite, dans la composition des engrais destinés à les alimenter. (Voyez § XVII, p. 21, art. *Manganèse*.)

VI

Il est en outre un principe fondamental des sciences

modernes, et démontré par des milliers d'épreuves faites la balance à la main, c'est que *rien ne se fait de rien.*

VII

Lorsque l'on brûle un végétal quelconque, on observe du feu et de la flamme, soit de la chaleur et de la lumière; une grande partie de la matière qui les constitue disparaît, et il reste un produit *fixe,* c'est à dire non volatil ou non vaporisable.

Le produit disparu est la *matière organique* proprement dite.

Le produit fixe est la *cendre.*

La matière organique est formée par les quatre premiers éléments signalés dans le § III : l'hydrogène, l'oxygène, l'azote et le carbone.

La matière fixe comprend les douze autres éléments différemment combinés entre eux, excepté peut-être l'*aluminium,* qui intervient d'une manière certaine dans le sol arable, mais que l'on ne retrouve qu'accidentellement dans les cendres des végétaux.

VIII

La matière disparue n'est pas anéantie; ses éléments se sont unis avec l'*oxygène,* l'un des principes de l'air, pour former des produits volatils : *eau, acide carbonique; l'azote* seul est séparé à l'état de liberté.

Si les végétaux, au lieu d'être brûlés, étaient chauffés dans un vase clos, ou distillés dans une cornue où l'air n'aurait point d'accès, il resterait dans les vases du charbon formé de carbone et de cendres : preuve évidente de l'existence de ce corps dans ces êtres.

D'une autre part, lorsque les matières azotées, au lieu d'être brûlées, sont chauffées ou détruites d'une manière quelconque en présence de composés hydrogénés, au lieu d'azote libre, on obtient de l'*ammoniaque*, qui est formée d'azote et d'hydrogène [1].

IX

L'eau, l'acide carbonique et l'ammoniaque s'unissent entre eux pour former un composé qui porte le nom de *bi-carbonate d'ammoniaque*. Ce composé représente à lui seul les quatre éléments constitutifs des végétaux : l'hydrogène, l'oxygène, l'azote et le carbone.

X

L'expérience a démontré d'une manière positive que le concours des matières organiques et des matières minérales est indispensable pour entretenir la fertilité du sol.

Il résulte de cette notion, que le sol ou les engrais devront renfermer tout à la fois ces deux sortes de matières.

Si l'on s'éloigne de ce principe, on n'obtient que des récoltes insuffisantes et loin d'être rémunératrices.

[1] On verra plus loin que l'azote *libre*, qui existe en abondance dans l'air atmosphérique, n'a pas encore pu être employé économiquement pour enrichir le sol, tandis qu'il peut l'être quand il est pris à l'état de combinaison.

Origine des éléments qu'il convient d'introduire dans les engrais.

XI

L'hydrogène existe dans l'eau, qui en contient un neuvième de son poids. On le rencontre encore dans toutes les matières organiques qui entrent dans la composition des engrais.

XII

L'oxygène existe en abondance dans l'eau et dans l'air.

L'eau en contient les huit neuvièmes de son poids.

L'air en contient environ le cinquième de son volume, ou les vingt-trois centièmes de son poids. Il existe aussi dans toutes les matières organiques employées dans la confection des engrais.

On le rencontre encore dans une foule de matières minérales, et particulièrement dans toutes celles qui constituent le sol arable, ainsi que dans les cendres des végétaux qui en proviennent.

XIII

Les matières azotées sont indispensables à la production agricole. Elles peuvent entrer sous plusieurs formes dans les engrais; et selon la forme qu'elles revêtent, elles jouent des rôles plus ou moins compliqués, plus ou moins utiles.

Les différentes formes de l'azote sont :

L'azote libre, contenu dans l'air en quantité inépuisable

Les azotates;

Les sels ammoniacaux;

Les cyanoferrures;

Les déjections animales : urines, matières fécales;

Les matières albuminoïdes : chair, sang, gluten;

Les matières gélatinifiables et la gélatine : intestins, tendons, aponévroses, peau;

Les matières épidermoïdes : laine, poils, cheveux, corne, ongles, onglons, sabots;

Le cuir tanné;

Les matières végétales plus ou moins azotées.

XIV

A. L'azote de l'air n'a pas encore pu être utilisé directement d'une manière bien évidente pour l'agriculture.

Peut-être pourrait-on faire des *nitrières artificielles,* dont les produits enrichiraient très puissamment les engrais. C'est là un des progrès qui réclament le plus l'attention de l'agriculteur. Il sera une source de richesse inépuisable pour celui qui saura utiliser l'azote de l'air par des moyens simples et peu dispendieux.

Jusqu'à ce que l'on ait atteint ce but éminemment désirable, l'azote de l'air existe également pour tous, et il est certain qu'il est absolument insuffisant pour entretenir la fertilité de tous les sols d'une manière rémunératrice; il faut donc passer outre.

B. Les azotates de potasse et de soude, les seuls que l'on trouve dans le commerce, sont d'un prix trop élevé pour qu'ils puissent donner des résultats avantageux.

Ces produits doivent être *réduits* [1] dans les fumiers, le sol ou les végétaux pour être employés utilement. L'acide azoteux dont ils contiennent les éléments se transforme directement en ammoniaque. Ils donnent en outre des bases utiles : la soude et la potasse. Ce serait surtout cette dernière qu'il conviendrait d'introduire dans le sol, si l'azotate de potasse n'était d'un prix trop élevé.

Les azotates se trouvent tout formés dans certaines plantes : la bourrache, la pariétaire et le grand soleil des jardins (*Helianthus ammus*, L.).

L'azotate d'ammoniaque donnerait des résultats fort avantageux; mais il est d'un prix aussi trop élevé.

Le suc des laitues cultivées dans un sol très azoté contient souvent de l'azotate d'ammoniaque en quantité très considérable.

C. Les composés ammoniacaux peuvent rendre d'immenses services à l'agriculture, et l'on voit avec peine que l'on en perde des quantités considérables dans la fabrication du coke, et dans les urines que l'on abandonne sur la voie publique.

Les principaux sels ammoniacaux utilisables par l'agriculture sont le *bicarbonate*, dont j'ai signalé les moyens de fabrication dans un brevet, ainsi que l'utilité.

On a vu, par ce qui précède, qu'il est le dernier produit des transformations des matières azotées, et qu'en

[1] Par *réduction*, on entend que ces produits doivent perdre de l'oxygène et même tout l'oxygène qu'ils contiennent dans la condition voulue par l'agriculture.

le livrant au sol il pourrait donner des résultats considérables; j'en ai d'ailleurs vérifié l'effet sur la végétation, et il a été tout à fait conforme à la théorie.

On pourrait obtenir ce sel à un prix assez peu élevé pour l'employer d'une manière très avantageuse dans l'agriculture.

L'azotate d'ammoniaque, qui vient aussi d'être indiqué, donnerait également d'excellents produits, car il est très riche en azote; mais il doit être employé concurremment avec des matières réduisantes, et notamment avec du fumier.

Le sulfate d'ammoniaque, qui est le sel ammoniacal le plus abondant du commerce, peut être employé avec avantage; mais son prix, qui varie de 35 à 40 fr. les 100 kil., est encore fort élevé.

Ce sel contient 0,21 d'azote, et le prix de revient de cet élément est par conséquent de 1 fr. 70 c. à 2 fr. le kilogramme, en tenant compte de ce que ce produit n'est jamais pur ni sec.

Le chlorhydrate d'ammoniaque, que l'on pourrait avoir à un prix équivalent au précédent, ne se trouve pas aussi abondamment dans le commerce et coûte plus cher.

Les eaux ammoniacales que l'on obtient dans la distillation de la houille pour en tirer le gaz de l'éclairage peuvent être employées dans la confection des engrais; mais elles ont deux inconvénients considérables : elles contiennent des produits goudronneux nuisibles à la végétation, et le carbonate d'ammoniaque qu'elles renferment est très volatil et pourrait être entièrement évaporé avant l'emploi du fumier qui les aurait reçues.

Pour éviter ce dernier inconvénient, il est indispensable d'ajouter du plâtre ou du sulfate de fer, ou de la cendre noire de Picardie, au fumier ou à la matière qui doit le recevoir. Par l'addition de ces produits, le carbonate d'ammoniaque est transformé en sulfate qui n'est point volatil.

Les essais qui ont été faits pour connaître l'utilité de l'emploi des sels ammoniacaux en agriculture ont donné des résultats fort variables, et il devait en être ainsi : *Quand on veut essayer l'effet d'un produit sur les végétaux, il faut que tous les autres éléments s'y trouvent en quantité et dans un état de combinaison convenables : autrement, les résultats obtenus n'ont aucune signification, et par conséquent aucune valeur.*

Les principes qui ont été exposés précédemment démontrent qu'il ne pouvait en être autrement. En effet, un sel ammoniacal, si utile qu'il puisse être à la végétation, ne pourra tenir lieu de potasse ni d'acide phosphorique, ni d'un autre élément qui pourrait manquer dans le sol, *puisque ces éléments ne peuvent être transformés les uns dans les autres.*

Le phosphate ammoniaco-magnésien, sel insoluble dans l'eau, comme son nom l'indique, contient trois éléments utiles à l'agriculture : le phosphore, l'azote et le magnésium. Employé en excès, il est nuisible aux plantes; en quantité convenable, il est un des engrais les plus puissants pour la production du blé.

Les sels ammoniacaux, quoique produisant des effets considérables pour l'accroissement et l'entretien des végétaux, ne peuvent cependant tenir lieu des matières azotées organiques, qui fonctionnent comme des ferments, et concourent par cela même puissamment à la destruction des matières organiques.

D. Les cyanures et les cyanoferrures peuvent être employés dans la confection des engrais. Le cyanoferrure de potassium contient à lui seul trois éléments utilisables par la végétation : le fer, le potassium et l'azote. Ce produit se décompose lentement; mais ajouté au fumier, il l'enrichirait considérablement. Toutefois, son prix est encore fort élevé.

E. Les déjections animales sont la principale source des engrais de ferme; elles comprennent les matières fécales ou les excréments solides, et les urines ou les excréments liquides.

Les matières fécales doivent être recueillies avec le plus grand soin, à moins qu'elles ne soient délaissées dans le champ cultivé. Cependant, il est plus avantageux de les réunir dans la fosse à fumier, parce que, dans les champs, elles se dessèchent et ne peuvent plus remplir le rôle complet qu'elles sont appelées à jouer dans la fabrication des engrais.

Les matières fécales de l'homme sont très riches en matières utiles; il convient de les délayer dans l'eau et de les ajouter au fumier. Au besoin, des matières ligneuses, arrosées avec ce liquide, donneraient en peu de temps une espèce de fumier qui pourrait rendre de grands services. Si, au lieu d'eau, on pouvait se procurer de l'urine humaine pour délayer ces matières, les résultats seraient encore préférables.

Les *eaux vannes*, ou les liquides des fosses d'aisance,

peuvent aussi améliorer le fumier, ou servir pour en préparer.

Les urines sont généralement très riches en azote, en acide phosphorique et en sels de soude et de potasse. Elles possèdent donc les principaux éléments fertilisants des engrais.

Leur composition varie avec la nourriture des animaux qui les fournissent. Les animaux carnivores, qui vivent de proie vivante, comme les serpents et les oiseaux de proie, rendent des excréments presque entièrement formés de carbonate et de phosphate de chaux, et d'*acide urique*, produit qui contient jusqu'à 33 0/0 d'azote.

L'urine de l'homme ne contient qu'une petite quantité d'acide urique; mais on y trouve de l'*urée* en quantité très considérable, et ce produit contient jusqu'à 46 0/0 d'azote. Un homme en rend environ 30 à 40 grammes par jour, représentant environ 14 grammes d'azote. Ce produit se transforme promptement en carbonate d'ammoniaque, qui rend si forte et si désagréable l'odeur des urines putréfiées.

Les animaux purement herbivores, comme le cheval et l'espèce bovine, ont dans leur urine un produit particulier que l'on nomme *acide hippurique*. Ce produit contient 0,078 millièmes d'azote. Par la putréfaction, il se transforme en acide benzoïque et en un produit azoté nommé *sucre de gélatine*, ou *glycocolle*.

Les herbivores soumis à l'inanition rendent une urine qui contient beaucoup d'urée. Il paraît que, dans cette circonstance, ils digèrent leur propre chair.

Les bêtes bovines des abattoirs, qui n'y sont pas généralement nourries, rendent par cela même une urine plus riche en principes fertilisants que les animaux qui reçoivent une nourriture suffisante.

Le porc, qui est omnivore, c'est à dire qui mange indifféremment toute espèce de nourriture, a une urine mixte entre celle de l'homme et celle des herbivores.

Les pigeons, qui sont granivores, donnent la *colombine,* qui est très riche en azote et en phosphates. La poulaïte est moins riche que ce produit.

F. Les *matières albuminoïdes* (on donne ce nom à celles qui ont de l'analogie avec le blanc de l'œuf, liquide ou solidifié par la chaleur, *albumen* en latin), le sang et la chair animale, sont presque entièrement formées par cette matière; le cerveau, le foie en contiennent aussi une grande quantité.

Ces matières se détruisent rapidement par la putréfaction, et donnent des produits infects dont l'odeur est connue de tous. *Elles agissent comme des ferments, et en se détruisant elles entraînent les matières organiques non azotées dans leur décomposition.* On conçoit par là quelles doivent être leur influence et leur puissance dans la fermentation des engrais. En outre, elles sont azotées, et produisent finalement des composés ammoniacaux indispensables à l'édification végétale.

Le sang des abattoirs est donc un produit précieux, qu'il convient de recueillir et d'ajouter aux engrais. On trouve, dans le commerce, de la chair de cheval desséchée, à un prix qui varie de 16 à 20 francs les 100 kilogrammes.

Ces matières peuvent servir très utilement pour

enrichir les engrais. Seulement, elles ont l'inconvénient de l'odeur qu'elles répandent pendant la putréfaction. On peut éviter cet inconvénient par plusieurs moyens : 1° en désinfectant le fumier avec du sulfate de fer, des cendres de Picardie, et même au besoin avec de l'hypochlorite de chaux; 2° en opérant dans une fosse recouverte et munie d'une cheminée très élevée, qui opère un tirage et disperse à une grande hauteur les produits de la putréfaction; mais ces produits sont azotés et ont une valeur réelle; 3° en recouvrant le fumier avec une couche de tourbe sèche et poreuse. Ce procédé est préférable à tous les autres, parce qu'il n'exige aucun frais de construction, et qu'il conserve les produits volatils qui sont absorbés par la tourbe. Au besoin, la tourbe pourrait être remplacée par du bois ou des herbes incomplètement *carbonisés*. La tourbe chargée de produits vaseux et bitumineux pourrait aussi être chauffée dans une fosse avant d'être employée.

G. *Histose*. Cette matière est le tissu cellulaire des animaux; elle est fortement azotée, car elle contient jusqu'à 18 p. 0/0 d'azote à l'état de pureté et de siccité parfaites. Elle existe dans les animaux sous forme de tendons, d'aponévroses (membranes blanches), dans la peau et jusque dans les os, où elle entre au moins pour trente centièmes. Son caractère principal est de se transformer en *gélatine* ou *colle animale*, sous l'influence de l'eau bouillante.

Cette matière est, comme la précédente, susceptible de fermentation et de putréfaction. Dans les masses qui la renferment en quantité notable, la température peut s'élever jusqu'au point d'y mettre le feu. Les produits qu'elle donne n'ont pas la même odeur que ceux fournis par les matières albuminoïdes : ils rappellent celle de la *gangrène*, et peuvent servir pour démontrer que cette dernière phase de plusieurs maladies est due à la destruction du tissu cellulaire.

Ces produits peuvent être employés très utilement dans la confection des engrais. Les rognures de peaux, les résidus des fabriques de colle animale, les os peuvent en donner. Les rognures de peau et les os, et surtout ces derniers, devraient être traités par l'eau portée à une température d'environ 120 degrés centigrades dans une autoclave; autrement, ils se détruiraient trop lentement et ne pourraient déterminer la fermentation. Cependant, des os concassés finissent par être détruits dans une fosse à fumier. Dans tous les cas, il est convenable de les dégraisser par l'eau bouillante; sans cette précaution, ils résisteraient trop longtemps à la destruction.

H. La laine, les poils, les cheveux, les cornes, les ongles, les onglons et les sabots représentent des produits très riches en azote, mais qui se décomposent fort lentement, et ne peuvent directement déterminer une fermentation.

Les cornes, les ongles et les onglons doivent être divisés mécaniquement avant d'être introduits dans le fumier; lorsqu'ils ont subi cette opération préalable, et qu'ils y séjournent pendant un temps suffisant, ils s'y détruisent et laissent à leur place des produits azotés.

Cet engrais azoté est principalement employé pour les vignes donnant des vins fins, parce qu'il ne peut communiquer aucune mauvaise odeur à ces derniers; mais, il faut le répéter ici, c'est un engrais incomplet et insuffisant.

I. Le cuir tanné résiste pendant longtemps à la destruction, et ne peut être utilisé immédiatement en agriculture. On peut, par une température élevée ou par l'action des alcalis, le désagréger; mais le premier procédé est breveté, et ne pourrait être pratiqué sans autorisation.

J. Tous les végétaux contiennent plus ou moins d'azote dans leurs tissus; mais c'est généralement en fort petite quantité. Cependant, cette quantité, si minime qu'elle soit, suffit pour les désagréger et faire qu'ils se détruisent. Il va en être question dans le paragraphe suivant.

Dans ce qui précède, les produits azotés ont été rangés dans un ordre tel, que les produits solubles ont été indiqués les premiers; puis ensuite, ils ont été rangés dans l'ordre de la rapidité de leur décomposition, en allant de la plus rapide à celle qui l'est le moins.

On a vu que les matières azotées jouent des rôles différents; mais, quelles qu'elles soient, elles peuvent toujours être employées pour faire du fumier.

XV

Le carbone joue un rôle considérable dans la confection des engrais. Cet élément doit être employé à l'état de combinaison, par exemple tel qu'il existe dans des produits organiques, végétaux ou animaux : le charbon, qui est du carbone libre mêlé seulement avec les cendres dont il est partout pénétré, serait inerte dans le sol, ou n'y remplirait que le rôle d'un agent physique, soit par sa couleur noire qui absorbe la lumière, soit par sa porosité qui lui permet d'absorber des gaz, de s'unir à diverses matières salines, et de favoriser la plupart des réactions chimiques.

On emploie généralement la paille du blé et de diverses graminées pour former la litière des animaux ; c'est d'elle principalement que provient le carbone des fumiers. Lorsqu'on en manque, on peut employer de la tourbe, de la tannée aussi complètement épuisée que possible, de la sciure de bois, le gazon, l'ajonc écrasé pour que ses épines ne blessent pas les animaux, la bruyère, la fougère, les feuilles des arbres qui tombent en automne, la zostère marine et les fucus *secs*. Ces dernières plantes, à l'état frais, ne peuvent nullement être employées pour préparer la litière des animaux, parce qu'étant saturées d'humidité elles n'absorberaient point les urines ; en outre, parce qu'elles sont glissantes, et que les animaux non seulement ne pourraient reposer sur elles, mais seraient même exposés à glisser et à tomber.

En général, il faut autant que possible éviter d'employer des matières végétales contenant du tannin, parce que cet agent s'unit avec les matières albuminoïdes et histoïdes, les tanne pour ainsi dire, et les empêche de fonctionner comme ferment, et même d'éprouver la putréfaction qui est indispensable aux fonctions qu'elles doivent remplir dans le sol pour favoriser la nutrition des végétaux. La bruyère, la fougère et les feuilles de chêne et de noyer passent pour être dans ce cas.

La litière végétale a quelquefois été remplacée par du sable, de la marne et diverses matières terreuses. Ces matières, qui sont propres à absorber les déjections liquides des animaux, ne peuvent en aucune manière tenir lieu des végétaux qu'elles remplacent; le terreau, la terre de jardinier, la terre de marais et la terre de bruyère riche en humus, sont les matières en partie minérales auxquelles il conviendrait d'accorder la préférence dans cette circonstance, parce qu'elles renferment une quantité notable de carbone propre à subir les réactions qu'il doit éprouver avant d'arriver à l'état d'acide carbonique, qui est le produit ultime et absolument indispensable que doivent donner les matières végétales employées dans la confection des fumiers.

Les matières végétales agissent en outre mécaniquement, en divisant le sol et en permettant à l'air d'y pénétrer jusqu'à une grande profondeur.

Indépendamment du carbone, les végétaux employés pour faire le fumier contiennent toujours une certaine quantité de matière albuminoïde et des produits minéraux qu'ils reportent dans le sol qui les a donnés.

XVI

La partie incombustible des végétaux ou les cendres qui en proviennent représente les matières minérales qu'ils enlèvent au sol pendant la végétation. Ces matières sont absolument indispensables à leur existence.

Quoique les cendres des végétaux quels qu'ils soient renferment à peu près les mêmes éléments, ces derniers y sont répartis dans des proportions fort différentes, non seulement selon les espèces végétales, mais encore selon les différents organes des plantes; il suffit de brûler lentement et sans le remuer un morceau de bois de pin maritime des landes de Gascogne, revêtu de son écorce, pour en être convaincu : la cendre de l'écorce est colorée en rouge par l'oxyde de fer, tandis que celle du bois est parfaitement blanche et n'en recèle pas en quantité appréciable.

On trouve encore le fer, en général, dans les feuilles et toutes les parties *vertes* des plantes. Les graines contiennent des phosphates. Les fucus qui croissent dans l'eau de la mer, qui contient des quantités considérables de sel marin formé de sodium et de chlore, tandis que le potassium ne s'y trouve qu'en très petite quantité, contiennent cependant dans leurs cendres une quantité relativement considérable de cet élément. Les plantes et leurs organes jouissent donc de propriétés électives qui leur permettent de s'assimiler les produits qui conviennent à leur nature.

Les cendres végétales sont généralement formées ainsi qu'il suit, mais en proportions très variables :

I. Carbonates, sulfates, chlorures sodiques et potassiques.

II. Carbonates, phosphates et fluorures calciques, magnésiques, ferriques et manganiques.

III. Acide silicique libre ou combiné à la chaux, à la potasse et à la soude.

Les composés I sont solubles dans l'eau.

Ceux II sont solubles dans les acides étendus d'eau, notamment l'azotique et le chlorhydrique.

Ceux III demeurent insolubles après que les cendres ont été traitées par l'eau et par les acides.

Les cendres *lavées* ou les *charrées* ont donc perdu les sels solubles dans l'eau; mais elles contiennent encore des phosphates et du calcaire qui sont utilisables, et même de petites quantités de potasse et de soude unies à l'acide silicique.

XVII

Les cendres contiennent les douze éléments entrant dans la constitution des végétaux, depuis le n° II jusqu'au dernier inclusivement. (Voyez § III.)

I. Le *silicium*, uni à l'oxygène, forme l'acide silicique. Cet acide est libre dans le sable ordinaire, qu'il constitue entièrement si ce sable est pur et blanc. Il existe aussi dans les argiles, dans les marnes; en outre, il se combine avec diverses bases pour former des produits que l'on nomme *silicates*. Il fait partie de toutes les cendres, et il existe principalement dans le vernis qui recouvre le chaume ou tige des graminées (blé, seigle, avoine, orge, maïs, roseaux et bambous).

II. L'*aluminium*, uni à l'oxygène, forme l'*alumine*, qui est abondante dans la plupart des sols; mais elle est rare dans les cendres des végétaux, et pourrait bien n'y exister que parce qu'on les aurait brûlés sans les nettoyer suffisamment. L'alumine est une partie essentielle des argiles et des marnes; elle donne de la consistance au sol arable.

III. Le calcium, le magnésium, le fer et le manganèse se retrouvent aussi en quantité notable dans les cendres végétales, mais en moins grande abondance dans le sol arable, excepté le calcium, qui est quelquefois abondant.

Lorsque le calcium manque, il est absolument indispensable d'en ajouter au sol. Sans cela, ce dernier serait stérile ou ne produirait que des végétaux étrangers à l'agriculture, tels que la bruyère et la fougère (*Pteris aquilina* L.) (1).

La chaux est généralement introduite dans le sol par le chaulage et le marnage; mais elle peut aussi l'être par des engrais, et notamment par ceux contenant de riches amendements, comme ceux qui seront indiqués ultérieurement.

Rien ne prouve mieux l'influence de la nature chimique des éléments que le chaulage et le marnage. J'ai vu une lande, située au centre de la forêt de Rambouillet, ne donner que quelques pieds épars d'avoine, quoiqu'on ait semé cette plante en quantité convenable. Encore cette avoine était-elle petite, chétive, rabougrie. Après l'in-

(1) Si le sol ne contient pas de chaux en quantité notable ou apparente, il lui en arrive de petites quantités par les eaux interstitielles. L'existence du sous-sol des landes de Gascogne, formé d'argile ou d'alios, s'oppose même à l'ascension des eaux inférieures, et par conséquent à ce qu'elles pénètrent dans le sol arable, et c'est là une des causes principales qui font que ces sortes de sols sont stériles.

troduction du calcaire, ce terrain produisit de l'avoine de manière à donner des récoltes avantageuses.

Le *magnésium* a passé pendant longtemps pour rendre les terres stériles; mais, aujourd'hui, on est revenu de cette erreur. Il ne faut point que le sol ni les engrais en contiennent trop; mais il faut qu'il y soit cependant en quantité notable. On sait aujourd'hui que le blé contient du *phosphate de magnésie*, et cela démontre que le *magnésium* est indispensable à la production de cette céréale.

Les végétaux s'étiolent dans un sol entièrement privé de *fer*. Cet élément est réclamé pour la formation de leur matière verte, et, sans cette dernière, les éléments du sol, si riches qu'ils soient, ne peuvent être *réduits* sous l'influence de la lumière solaire et donner de la matière organique.

On doit à M. Eusèbe Gris des observations intéressantes sur ce sujet. Des végétaux étiolés et comparables aux êtres humains atteints de *pâles couleurs*, verdissent et reprennent de la vigueur sur la seule influence d'une dissolution *très légère* de sulfate de fer.

Le *manganèse* a moins d'importance que le fer; mais puisque les cendres en contiennent, il faut évidemment que le sol puisse leur en fournir.

De savants chimistes ont émis l'opinion que les matières minérales pouvaient être substituées les unes aux autres lorsqu'elles étaient du même ordre, et celles de même ordre ont été rangées dans un même groupe. (Voyez § III.) Si cela était vrai, on pourrait remplacer le calcium par le fer et le magnésium, le manganèse par le fer, et le fer par le manganèse, le potassium par le sodium. Mais cette opinion est, pour moi, plus que douteuse. Si cette substitution était possible, comment se ferait-il que les fucus de la mer pussent s'assimiler le potassium qui s'y trouve en si petite quantité, tandis qu'ils prennent moins de sodium, lorsque ce corps s'y trouve en quantité relativement si considérable ?

Comment se ferait-il encore que le blé contînt du phosphate de magnésie, quelquefois puisé par le végétal dans un terrain qui en contient fort peu, lorsque l'élément calcaire y abonde ?

On admettait généralement que les plantes continentales contenaient des composés potassiques, tandis que les plantes marines en contenaient de sodiques. Mais il y a une telle différence entre un fucus qui croît sous l'eau et un végétal aérien et terrestre, que la comparaison est sans valeur, et, d'ailleurs, cette opinion pouvait paraître bonne lorsque l'on ignorait la composition des prétendues soudes de varechs ; mais aujourd'hui que l'on sait que le potassium prédomine sur le sodium, cette opinion n'est plus soutenable. Je l'ai combattue dès l'origine, et je la repousse encore aujourd'hui.

IV. Le *potassium* et le *sodium* sont indispensables à l'édification végétale. Ces deux métaux forment des sels généralement solubles, et par cela même on ne peut les introduire en quantité considérable dans les engrais, parce qu'ils seraient absorbés en trop grande quantité par les plantes et leur seraient nuisibles. Cependant, on peut les employer à l'état de silicates, qui sont aussi peu solubles que l'on veut, en y ajoutant d'autres bases.

Le chlorure de potassium et celui de sodium sont peu altérables; ils demeurent ce qu'ils sont, et l'on ne doit, par cette cause, jointe à la première, n'en introduire qu'une petite quantité dans les engrais.

On a conseillé de donner le chlorure sodique (sel marin ou gemme) aux animaux avec leur nourriture. Il se retrouve dans leurs déjections, et par suite dans le fumier. Cette pratique est bonne; mais tous leurs aliments ne doivent point être salés. Il faut l'employer principalement avec la pulpe de betterave, le *gachis* de pomme de terre des féculeries et les aliments cuits, tels que pommes de terre, navets, carottes, etc. Dans tous les cas, il faut en être sobre, car on a remarqué qu'à une dose trop élevée, il altère les animaux, et que, tout en augmentant leur appétit, il ne concourt nullement à leur engraissement. D'où l'on a une double perte : celle du sel et celle des aliments consommés inutilement.

L'azotate de soude, employé concurremment avec le chlorure de potassium, donne du chlorure de sodium et de l'azotate de potasse (nitre ou salpêtre). C'est là un excellent moyen de transformation pour le chlorure potassique; mais ces sels coûtent fort cher, et ne peuvent être employés économiquement.

Les cendres des végétaux, non lavées, dites *cendres vives* dans le commerce, contiennent du potassium en quantité très notable, principalement à l'état de carbonate. Ces cendres, employées seules et en quantité trop considérable, peuvent devenir nuisibles; mais, ajoutées à du fumier, elles l'enrichissent toujours.

Le feldspath est une roche très abondante dans la

nature qui contient du potassium à l'état de silicate; on y a trouvé jusqu'à 16 p. 0/0 de potasse (oxyde de potassium); mais il y en a souvent une quantité beaucoup plus faible. (Voyez *Documents.*) Cette roche est difficilement et lentement attaquable par les actions qui s'accomplissent dans le sol arable. Le feldspath, réduit en poudre et mêlé avec du carbonate de chaux ou de la chaux vive, et ces produits étant ensuite soumis à une température très élevée, devient attaquable par l'eau et lui cède de la potasse. Ce procédé a été l'objet d'un brevet d'invention.

Les verres à base de potasse pourraient aussi être introduits dans les engrais et dans le sol; mais, aujourd'hui, on en prépare peu, et ceux qui passent pour être à base de potasse contiennent presque toujours une quantité notable de soude.

Les soudes de varechs peuvent aussi être employées comme contenant plus de potasse que de soude. Sur 100 parties des sels qui entrent dans la constitution de ces soudes, il y a souvent jusqu'à 60 parties qui sont à base de potasse.

La potasse est indispensable dans les engrais.

De nouvelles sources de potasse ont été trouvées, et nous avons l'espoir que, dans un petit nombre d'années, elle ne coûtera pas plus que la soude.

Le suint de la laine des moutons en renferme une quantité importante, et si on la recueillait tout entière, on pourrait en grande partie satisfaire aux besoins de l'agriculture.

On a trouvé récemment en Prusse une mine considérable de chlorure de potassium, et maintenant que la paix est rétablie, il faut espérer que cette mine sera exploitée.

Les eaux-mères des salines contiennent des sels de potasse que l'on peut extraire par les procédés de M. Balard.

C'est bien la moindre chose que la mer nous rende une partie des produits qu'elle nous enlève sans cesse par suite de la dégradation des continents qui s'écoulent peu à peu dans les bassins qui la renferment.

V. Le *phosphore* est indispensable à l'agriculture; il existe dans les plantes, dans le sol et dans les engrais à l'état de phosphate.

Les phosphates employés jusqu'à ce jour sont tous tribasiques [1].

Tous les phosphates sont solubles dans l'acide azotique ou dans l'acide chlorhydrique dilué.

Les phosphates de potasse, de soude, d'ammoniaque sont solubles dans l'eau; les phosphates de chaux, de magnésie et ammoniaco-magnésien sont solubles dans l'acide acétique; le phosphate de sesqui-oxyde de fer est insoluble dans ce dernier acide.

L'acide carbonique qui se trouve dans le sol dissout

[1] Cela veut dire qu'ils renferment trois équivalents de base pour un d'acide phosphorique. Dans plusieurs de ces phosphates, l'eau peut tenir lieu d'une base. On a le phosphate de chaux PO_5, $3CaO$ qui existe dans les os et forme presque entièrement l'apatite; le phosphate PO_5, $2CaO$, HO que l'on prépare avec le phosphate précédent, qui est plus attaquable par les agents du sol arable, et enfin le phosphate acide de chaux PO_5, CaO, $2HO$ qui est très soluble dans l'eau, etc.

les phosphates en très petite quantité, et cette dissolution est soluble dans différents sels, notamment dans les sels ammoniacaux et dans le bicarbonate, qui est l'un des derniers produits de la destruction des engrais.

Les os des animaux contiennent au maximum 60 centièmes de phosphate tricalcaire. C'est une source abondante de phosphore, et il ne faut pas négliger de s'en procurer toutes les fois qu'on peut le faire à un prix qui ne soit pas trop élevé; mais les manipulations auxquelles on doit les soumettre exigent des appareils que l'on n'a pas toujours à sa disposition dans une exploitation agricole.

Ainsi que cela a été dit, il faut d'abord les diviser à coups de hache et les dégraisser ensuite en les faisant bouillir dans l'eau. La graisse est enlevée de la partie supérieure du bain, à l'aide d'une grande cuillère circulaire, presque plate.

Les eaux provenant de cette opération, ou le *bouillon d'os,* peuvent être envoyées dans la fosse à fumier, ou bien on peut s'en servir pour arroser des tas de tourbe, qui, abandonnée à l'air libre, finit par se dessécher, et peut former la base d'un engrais excellent.

Pour faciliter cette opération, les os peuvent être placés dans un panier en gros fil de fer.

Ce panier est suspendu au dessus de la chaudière, à l'aide d'une espèce de *grue* ayant la forme d'une potence munie d'une poulie qui permet de le descendre et de le monter à volonté. La potence est en outre montée sur des pivots qui lui permettent de tourner sur son axe, afin de charger et de décharger commodément le poids qu'elle porte.

Après avoir été dégraissés, les os doivent être broyés à l'aide d'une espèce de laminoir en fonte, formé de deux cylindres cannelés. Amenés à cet état, ils peuvent être introduits dans une fosse à fumier, si ce dernier n'a point encore subi la fermentation qui en élève si fortement la température. Lorsque ce phénomène a lieu, les os sont attaqués et détruits; leur matière azotée pénètre le fumier, et les sels calcaires y restent en petites masses poreuses, très divisées, et facilement attaquables par les différents agents qui fonctionnent dans le sol arable.

Le *noir d'os* qui a servi à la clarification des sirops de sucre dans les raffineries est un excellent produit; il contient de 1 à 3 centièmes d'azote et une quantité très notable de phosphate de chaux très divisé.

Lorsque ce produit a subi la fermentation spontanée, il s'est formé de l'acide lactique, qui a attaqué le phosphate de chaux et l'a rendu plus facilement assimilable.

Ce noir, introduit dans les fumiers, y porte un élément de fertilisation très important.

Ce produit a été employé comme un engrais spécial après le défrichement des landes de l'ancienne Bretagne. Il réussit en général pendant quelques années, et devient ensuite tout à fait inerte. Cela est dû à ce qu'à lui seul il ne peut représenter un engrais. Il résulte, en effet, des principes généraux qui ont été posés en tête de cet article, qu'un engrais doit renfermer tous les éléments utilisables par les végétaux, et le noir de raffinerie est loin de les contenir tous. S'il a réussi dans les premiers temps, c'est que le sol manquait principalement de phosphate calcaire, et que les autres éléments s'y trouvaient. Lorsqu'il n'a plus produit d'effet utile, c'est que ces éléments avaient été enlevés par les récoltes.

Le sous-sol de la Bretagne étant essentiellement granitique ou formé de roches feldspathiques, ces roches ont dû fournir de la potasse aux végétaux qui ont vécu à sa surface et qui y ont péri. Cette potasse, accumulée pendant un grand nombre de siècles, a pu l'enrichir; mais il lui manquait des phosphates. Le noir étant venu compléter les éléments du sol, a pu le rendre fertile; mais cette fertilité n'a pu et n'a dû durer que jusqu'à l'épuisement de la potasse.

Le *phosphate de chaux naturel*, l'*apatite* des minéralogistes, que l'on tire de l'Estramadure en Espagne et de l'île Sobrero (Antilles), pourrait peut-être donner de bons résultats après avoir été réduit en poudre très fine, et mêlé avec le fumier dans les conditions qui ont été indiquées précédemment en parlant des os.

On serait plus certain de réussir en traitant d'abord l'apatite par de l'acide sulfurique étendu de quatre à cinq fois son poids d'eau. Les produits varient selon les proportions relatives de l'apatite et de l'acide sulfurique. En employant 30 parties d'acide sulfurique concentré et marquant 66 degrés à l'aréomètre de Baumé (1), et 100 parties d'apatite, il se forme du sulfate de chaux (plâtre) et du phosphate bicalcaire hydrique,

(1) Il est indispensable de s'assurer que l'acide a le degré indiqué; car, sans cela, une partie de l'apatite ne serait point attaquée et constituerait une perte réelle pour l'agriculteur.

c'est à dire un phosphate contenant deux équivalents de chaux et un équivalent d'eau. Ce sel ne doit point être confondu avec le pyrophosphate de chaux ou phosphate bicalcaire, car il en diffère essentiellement par ses propriétés. Dans cet état, il est très propre à l'amélioration du fumier.

Introduit seul dans le sol, il ne donnerait aucun résultat utile, à moins que ce sol ne fût très riche en matières de toutes natures; mais, mêlé avec le fumier, il peut donner des résultats excellents.

Les coprolithes, dont la découverte est due à M. de Molon, et qui sont aujourd'hui exploitées et mises dans le commerce, contiennent environ 40 centièmes de phosphate de fer.

Ces coprolithes sont peu attaquables. Cependant, réduites en poudre très fine et mêlées avec du fumier non fermenté, elles peuvent être attaquées et rendues utiles pour l'agriculture.

Si l'on disposait d'une quantité notable de *cendres vives* ou non lavées, on pourrait les mêler avec le produit précédent, y ajouter de l'eau et les faire bouillir dans une chaudière pendant un temps assez considérable; le phosphate de chaux et le phosphate de fer seraient en grande partie transformés en phosphate de potasse.

Les coprolithes peuvent aussi être mises en briquettes avec de la craie, de la cendre, un peu d'argile, et chauffées comme lorsqu'il s'agit de cuire la brique. Elles deviennent ainsi plus attaquables. Dans tous les cas, elles doivent être mêlées avec du fumier non fermenté.

La *charrée,* ou les cendres lavées, contient aussi une quantité notable de phosphate de chaux et de phosphate de fer. Ces cendres peuvent donc être utilisées si on les introduit dans du fumier.

Le *phosphate ammoniaco-magnésien* sera bientôt dans le commerce. On peut d'ailleurs fabriquer soi-même ce produit avec des urines putréfiées, des phosphates solubles et des sels de magnésie, ou tout simplement en y ajoutant du phosphate acide de magnésie.

Ce sel est un agent puissant de fertilisation; il contient en lui seul trois des principaux éléments utilisables par les végétaux : le phosphore, l'azote et le magnésium.

Le *phosphate de potasse* et le phosphate de soude ne peuvent être employés qu'en petite quantité, parce qu'ils sont très solubles dans l'eau. J'ai obtenu des résultats on ne peut plus remarquables par l'addition du phosphate de potasse à des engrais.

Le phosphate potassico-ammonique, ou le simple mélange de phosphate potassique et de phosphate ammonique, que j'ai produit exprès pour faire des expériences agricoles, est l'engrais le plus riche qui existe; il renferme à lui seul les trois éléments principaux des engrais : le potassium, l'azote et le phosphore.

Il suffit d'en ajouter au fumier de manière à ce qu'il y en ait une centaine de kilogrammes par hectare, pour obtenir les effets les plus considérables que l'agriculture puisse donner.

Avec ce sel, on peut préparer partout un engrais qui remplace le fumier, ainsi que cela sera expliqué ultérieurement.

Je dois prévenir ici que la fabrication de ce sel et le mélange indiqué ont été l'objet d'un brevet.

Le *soufre* existe dans le sol et dans les engrais à l'état de sulfate. Cet élément est indispensable à la production des végétaux en général, mais plus spécialement des légumineuses et des crucifères.

Le *gypse* ou la pierre à plâtre et le plâtre représentent un sulfate à base de chaux. On le tire généralement des environs de Paris, et son prix est peu élevé dans le nord et dans l'ouest de la France.

Dans les terrains calcaires, le plâtre peut être remplacé par du sulfate de fer qui s'y change en sulfate de chaux.

On peut d'ailleurs, dans le fumier, ajouter du sulfate de fer et du calcaire ou carbonate de chaux. Toutefois. il vaut mieux opérer la décomposition du sulfate de fer avant de l'introduire dans le fumier, parce que l'oxyde de fer à l'état naissant s'unit avec les matières organiques et les rend imputrescibles.

Pour obtenir cette décomposition, il suffit de chauffer le sulfate en présence de la chaux délitée. Si l'on est pressé, on peut ajouter de l'eau de manière à faire une pâte avec ce mélange : la décomposition est rapide et complète si la chaux est en quantité suffisante. Pour décomposer 100 parties de sulfate de fer cristallisé, il faut 22 parties de chaux vive supposée pure.

Les cendres de Picardie, qui contiennent du sulfate de fer, peuvent aussi remplacer le sulfate de chaux en présence d'un terrain calcaire.

Le *chlore*, uni aux divers éléments qui interviennent

dans l'agriculture, ne donne que des composés solubles, excepté l'oxychlorure de fer; aussi, ces composés ne peuvent-ils être employés qu'en quantité relativement petite. (Voyez ce qui a été dit à ce sujet en parlant du sodium, XVII, IV.)

Le *fluor* existe dans les os des animaux à l'état de fluorure calcique. Ce produit est insoluble dans l'eau. Sa présence dans les os donne la preuve évidente qu'il existe dans les végétaux, ainsi que dans le sol arable, et qu'il doit par conséquent être introduit dans les engrais, quand bien même on ignorerait complètement le rôle qu'il y remplit. Cependant, le fluorure de calcium étant attaqué par l'acide carbonique, il est probable que l'acide fluorhydrique devient libre, et qu'il attaque la silice pour la dissoudre, indépendamment des autres fonctions qu'il peut remplir.

Le fluorure de calcium est assez commun dans la nature; mais il n'a pas encore été employé industriellement, et il est difficile de s'en procurer des quantités notables.

Observations sur le plus ou moins de solubilité et d'altérabilité, ainsi que sur l'état de combinaison et d'agrégation des matières propres à améliorer et à enrichir les fumiers.

XVIII

Le plus ou moins de solubilité ou d'altérabilité des produits employés pour faire des engrais ou pour améliorer les fumiers, exerce une immense influence sur leur action fertilisante. Il suffit de se reporter à ce qui vient d'être exposé dans la partie relative à l'origine des éléments propres à entretenir la fertilité du sol, pour en avoir une idée.

A. Les matières solubles dans l'eau sont entraînées par la pluie, si le terrain est en pente, et entièrement perdues sans avoir produit un effet utile. Il faut cependant reconnaître que les argiles cuites que l'on introduit quelquefois dans le sol, ou qui sont produites par l'écobuage, sont très aptes à les retenir. Elles les fixent par une action capillaire, et les livrent aux plantes à mesure de leurs besoins.

Les matières solubles ont, en outre, un inconvénient très grave : elles pénètrent dans le végétal en trop grande abondance, et loin de lui être utiles, elles peuvent le tuer. Il serait donc mauvais d'introduire dans du fumier des quantités trop considérables de sels à base de potasse, de soude ou d'ammoniaque, qui sont presque tous très solubles dans l'eau, tels que le sel marin, l'azotate de potasse ou de soude, le sulfate d'ammoniaque. Il en est de même du guano du Pérou, qui contient du phosphate et du carbonate d'ammoniaque; il fait périr les végétaux à une très faible dose. Le sulfate de chaux, gypse, albâtre ou plâtre, est aussi assez soluble dans l'eau pour nuire aux plantes, si on l'emploie en quantité considérable. Dans les pays où l'on trouve la karsténite ou sulfate de chaux anhydre, on peut l'employer. Elle est aussi soluble dans l'eau que le plâtre; mais elle est plus compacte et s'y dissout moins facilement [1].

[1] L'eau dissout 1/430e de son poids de sulfate de chaux.

Tous les produits qui se comportent ainsi ne peuvent être employés qu'en petites quantités, à moins que des réactions chimiques ne les transforment et ne diminuent la solubilité des éléments qui les constituent.

B. L'état d'agrégation des matières propres à améliorer les fumiers exerce une grande influence sur l'intensité de leur action.

Certaines matières insolubles, en fragments un peu gros, resteront dans le sol, et n'y subiront que des actions insensibles. En général, les actions chimiques sont proportionnelles aux surfaces, et l'on accroît considérablement la surface agissante d'un corps en le pulvérisant.

Les coprolithes, l'apatite, le feldspath et les silicates insolubles en général, demeurent presque inertes dans le sol ou ne produisent que des effets insensibles, s'ils n'ont été réduits en poudre impalpable.

La pulvérisation mécanique ne peut, en aucun cas, produire une division qui atteigne une limite aussi reculée que celle qui est obtenue dans les réactions chimiques. Par exemple, le phosphate tri-calcaire obtenu par la précipitation du phosphate des os dissous par les acides, tel qu'on l'obtient dans la préparation de la gélatine, sera toujours plus attaquable que celui obtenu par la pulvérisation; le carbonate calcaire, même la craie pulvérisée, n'est pas aussi divisé que celui que l'on obtient par la précipitation ou par l'hydratation de la chaux vive et sa carbonatation ultérieure.

Les produits insolubles pulvérulents, obtenus par des réactions chimiques, devront donc toujours avoir la préférence sur ceux qui auront été pulvérisés par des actions mécaniques. Car c'est en employant ces produits que l'on pourra avoir des résultats comparables, et que l'on opérera rapidement et économiquement.

C. L'état de combinaison des éléments fertilisants exerce aussi une immense influence sur les effets qu'ils peuvent produire.

On a vu que l'azote, employé à l'état de sel ammoniacal, peut presque immédiatement pénétrer dans le végétal et servir à son édification; tandis qu'à l'état épidermoïde ou corné, il ne se décompose que lentement et agit d'une manière moins rapide et moins évidente, et qu'enfin, à l'état de cuir ou de tissu animal tanné, qui pourra résister dans un sol pendant un grand nombre d'années, il sera dépensé sans donner un résultat appréciable.

On a encore pu remarquer que les matières *albuminoïdes* et les matières *histoïdes,* qui sont riches en azote, indépendamment de ce produit qu'elles apportent pour fertiliser le sol, peuvent aussi remplir les fonctions de ferments et servir pour attaquer les matières organiques et par suite les matières minérales, et les rendre ainsi aptes à l'assimilation.

Les phosphates sont dans le même cas. Celui de fer résiste plus que les autres. Le phosphate tricalcaire n'est attaqué que lentement, le bicalcaire l'est beaucoup plus rapidement. Les os non dégraissés resteront plusieurs années dans le sol sans livrer les produits utiles qu'ils contiennent : l'azote et le phosphore. Les coprolithes, l'apatite, résisteront encore et d'autant plus que leur état de division sera moins grand.

XIX

Il résulte des observations qui viennent d'être exposées, qu'il y a un choix à faire parmi les produits de même nature qui peuvent être employés pour améliorer les engrais : les uns seront rapidement utilisés, les autres le seront plus lentement et exigeront quelquefois un temps si long, qu'ils seront dépensés sans donner un résultat sensible.

Le plus grave inconvénient dans la fabrication des engrais, et inconvénient qui a presque toujours existé par suite de l'ignorance de ceux qui les font, est d'avoir des produits qui ne sont pas dépensés simultanément. En général, les produits azotés fonctionnent les premiers, et les autres demeurent ensuite presque inertes dans le sol.

Si le sol était fumé tous les ans, et ce serait la pratique la plus convenable et la plus économique, il y aurait un avantage considérable à employer des produits éminemment altérables, et par suite immédiatement assimilables. Mais il n'en est point ainsi, et chaque élément devrait se trouver dans plusieurs états de combinaison et d'agrégation, pour être dépensé successivement d'année en année.

XX

Dans un brevet d'invention qui a déjà reçu d'heureuses applications, les principes qui viennent d'être exposés ont été développés avec des détails dans lesquels il est inutile d'entrer ici, puisqu'il ne s'agit que de la confection des fumiers et non de celle des engrais en général. Il faut remarquer, en outre, que les produits doivent pour la plupart être soumis à des opérations qu'il serait difficile d'introduire dans les exploitations agricoles, parce qu'elles sont tout à fait industrielles.

Deux espèces d'amendements préparés par mes procédés, l'un riche donnant de prompts résultats, l'autre moins riche et agissant plus lentement — mais d'une manière plus durable — étant ajoutés à du fumier, suffisent pour lui communiquer toutes les qualités désirables.

On peut même, à l'aide des amendements, comme on le verra par la suite, faire facilement des fumiers artificiels d'une grande valeur. Ils peuvent servir aussi pour compléter le guano du Pérou, empêcher qu'il épuise le sol, le rendre moins dangereux pour la végétation et plus efficace, ainsi que pour enrichir les poudrettes et les ordures des villes. (Voyez XXXVII.)

II

PARTIE PRATIQUE.

Matières premières des fumiers et des engrais.

XXI

Il résulte des principes qui ont été énoncés dans la première partie de cet opuscule, que les labours, les roulages, les hersages, et les actions mécaniques en général, *sont absolument insuffisants pour entretenir la fertilité du sol arable.*

Ces opérations peuvent diviser le sol, et rendre ses éléments plus aptes à être utilisés; elles peuvent ramener à la surface des produits qui étaient à une assez grande profondeur pour échapper aux actions qui les préparent à l'assimilation par les végétaux, *mais elles ne peuvent rien créer*. Le sol va toujours en s'appauvrissant, et, un peu plus tôt, un peu plus tard, il est épuisé et ne peut plus rien produire.

Les amendements et les engrais sont donc absolument indispensables pour entretenir la fertilité du sol.

XXII

Il résulte encore de ces principes, que l'on ne peut donner le nom d'*engrais* qu'à un mélange qui contient *tous les éléments réclamés par les végétaux,* à moins que le sol auquel on les destine n'en renferme quelques-uns en quantité très notable. Par exemple, il serait ridicule d'apporter du sable siliceux dans le sol des landes de Gascogne, et d'introduire du calcaire dans le sol crayeux de la Champagne pouilleuse, ou de l'argile dans une terre cohérente et dite *forte.*

Cependant, on ne peut pas toujours éviter ce double emploi, parce que les matières dont on peut disposer pour faire des engrais sont rarement pures, et que souvent on ne peut obtenir une substance qu'à la condition d'en introduire plusieurs autres. Par exemple, si l'on est obligé d'employer de la tourbe ou de la terre de marais, il arrive souvent qu'elles contiennent des matières argileuses ou du sable que l'on ne peut en éliminer.

Les *amendements,* au contraire, seront des produits simplement minéraux destinés à améliorer le sol arable en lui ajoutant quelques-uns des éléments qui lui manquent, ou à être ajoutés aux engrais pour les compléter. C'est au moins ainsi que je crois devoir les définir pour mettre la définition en harmonie avec la situation et les besoins de l'agriculture.

XXIII

Le fumier préparé avec la litière et les déjections des animaux est l'engrais primitif, l'engrais unique des exploitations agricoles. Tout l'espoir des agriculteurs est fondé sur lui. Cependant, il est facile de démontrer qu'il est absolument insuffisant, et qu'il arrivera fatalement une époque où les produits agricoles iront en diminuant, si l'on ne cherche pas à les enrichir par tous les moyens économiquement possibles.

L'agriculture ne peut exister qu'à la condition de vendre ses produits, et par conséquent elle exporte incessamment toutes les matières minérales qu'ils renferment. Ce qui reste dans la ferme, employé à la nourriture de l'homme et des animaux, et à servir de litière à ces derniers, ne peut en aucune manière tenir lieu de ce qui en est sorti pour n'y plus rentrer.

C'est en vain que l'on compte sur les prairies pour entretenir les terres; les prairies elles-mêmes ne donnent qu'une faible partie de ce qu'elles pourraient donner si l'on n'y introduit pas d'engrais.

XXIV

La dégradation des collines et des montagnes, dont les produits viennent se déposer sur le sol pendant les débordements, peut seule en entretenir la fertilité d'une manière économique. A Bordeaux, les terres alluvionnaires, dites *terres de palus,* sont d'une grande fertilité. On peut y cultiver la vigne pendant un grand nombre d'années sans y introduire le moindre engrais. Tous ces produits, éminemment utiles, s'écoulent incessamment dans la mer et sont fatalement perdus pour l'humanité.

La Gironde, constamment troublée par le flux et le reflux, laisse déposer dans un temps assez court des quantités considérables de matières vaseuses. Ce sont ces matières qui, en peu d'années, ont formé la plaine des *Queyries,* située à La Bastide, entre le fleuve et la colline de Cenon. Ce sont encore elles qui ont relié en peu d'années une île à la rive gauche du fleuve, en face de Macau. Ce sont encore elles qui rétréciront le lit du fleuve, par suite des travaux entrepris par les ingénieurs.

Ces vases représentent des trésors inépuisables; elles seraient une immense richesse pour le pays. Il y aurait, par suite, un intérêt considérable à en recueillir au moins une partie dans des bassins où elles se déposeraient rapidement. Transportées ensuite sur le sol, aidées par le concours d'amendements et d'engrais employés comme il sera dit par la suite, elles donneraient des résultats considérables. La plupart des agriculteurs de la Gironde trouvant dans le vin qu'ils récoltent une rémunération qui les éloigne de l'exécution des idées qui se rattachent à l'agriculture ordinaire, il y a peu d'espoir qu'un tel projet soit mis à exécution avant quelques siècles. Mais il le sera; car, considéré d'une manière générale, il deviendra une nécessité de l'existence de l'homme à la surface du globe.

Quand on aura tari la plupart des sources où l'on puise les engrais, il faudra bien avoir recours à ces grands moyens.

XXV

Les villes et les populations non agricoles consommant la majeure partie des produits exportés; il est indispensable qu'elles rendent autant que possible à l'agriculture ce qu'elles lui ont enlevé. Elles peuvent le faire par les ordures des ménages, les urines, les matières fécales, les eaux des égouts. Aussi, aucun de ces produits ne devrait être perdu, et c'est toujours avec une peine profonde que je vois les urines humaines répandues sur le sol, de là s'écouler dans les ruisseaux, et finalement dans la mer, qui reçoit déjà tous les produits venant de la dégradation des continents.

Les urines humaines sont très riches en azote, en acide phosphorique et en potasse. Chaque litre de ce liquide renferme les principaux éléments qui ont été consommés par un homme en vingt-quatre heures, c'est à dire ceux qui correspondent, tout compris, à environ un kilogramme de pain.

Cependant, il serait si facile de recueillir ces urines, d'en précipiter le phosphore et l'azote à l'état de phosphate ammoniaco-magnésien, que l'on ne saurait trop regretter une telle perte.

Il importe donc que l'agriculteur, s'il est dans le voisinage d'une ville, tache d'en tirer le plus de produits fertilisants qu'il pourra. Il n'y a qu'une seule chose à examiner, c'est de savoir si les produits qu'il obtiendra couvriront la dépense qu'il aura faite, et lui laisseront un bénéfice suffisant pour le rémunérer de sa peine.

Dans ces opérations, c'est généralement le transport qui coûte le plus; mais si l'on a soin, lorsqu'on transporte des produits à la ville et dans les centres de consommation, de ne point revenir *à vide,* comme on le dit vulgairement, le prix du transport sera presque complètement annulé.

Les transports par eau sont généralement les moins

dispendieux, et doivent être utilisés autant que possible. Les transports par les voies de fer sont aussi des moins dispendieux lorsque les distances à parcourir ne sont pas très considérables.

XXVI

La grande extension de la culture du pin dans les landes de Bordeaux, et de la vigne dans toutes les régions où elle peut donner un prix rémunérateur, fait que les questions économiques relatives à l'agriculture se trouvent dans une condition toute spéciale dans le département de la Gironde. Cependant, il est encore une surface assez considérable qui est soumise à l'agriculture ordinaire, et l'on voit avec étonnement que les produits fournis par cette ville, dont la population est considérable, ou ne trouvent pas d'emploi, ou bien sont exportés.

XXVII

Dans le cours de chimie agricole que je fais chaque année, je signale avec soin tous ces produits à l'attention de mes auditeurs. Quelques-uns ont été employés, d'autres ont été l'objet d'essais; mais il en est encore qui sont perdus ou qui ne trouvent pas un écoulement suffisant.

La ville de Bordeaux livre ou pourrait livrer aux agriculteurs :

Le sang de l'abattoir;

Les viandes et les poissons gâtés, dont on ordonne l'enterrement;

Les ordures de ménage;
Les boues de la ville;
Les matières fécales;
Les eaux-vannes;
Les urines;
Les eaux du gaz;
Celles des égouts;
Le noir des raffineries;
Les résidus des fabriques de colle et des boyauderies;
Des tourteaux de graines oléagineuses;
Le fumier qui est abondant et à très bas prix;
Les chevaux abattus, et notamment ceux des marais à sangsues;
Des chiens également abattus;
La vase déposée à l'embouchure des égouts;
La vase du fleuve.

Toutes les villes, quelles qu'elles soient, peuvent fournir au moins une partie de ces produits.

On a, en outre :

La vase du bassin d'Arcachon;
Les zostères qui sont rejetées sur ses bords;
Les fucus que l'on trouve sur le littoral de la mer.

Des fumiers et de leur nature.

XXVIII

Le fumier est produit par la litière des animaux réunie à leurs déjections.

Il contient, par conséquent, toute la matière organique

et la matière minérale qui entrent dans ces produits.

La litière contient de la matière organique riche en carbone, mais pauvre en azote. Les déjections solides, et surtout les déjections liquides contiennent de l'azote en quantité notable.

Ces dernières contiennent des phosphates solubles et des sels de potasse et de soude. Elles représentent en outre des espèces de ferments qui servent pour détruire la matière organique de la litière.

La litière contient toutes les matières minérales utilisables par les végétaux; mais les phosphates y sont en petite quantité.

Les réactions chimiques qui caractérisent la fermentation du fumier sont assez intenses pour que la température s'élève fortement, et jusqu'au point de lui faire rendre des vapeurs abondantes. C'est probablement de là que vient le nom de FUMIER.

Les phénomènes qui s'accomplissent dans la production du fumier sont fort nombreux, successifs, peu étudiés et peu connus. Davy en a extrait de l'acétate d'ammoniaque; M. Paul Thenard, de l'acide fumique, et l'on sait que, finalement, tout l'azote est amené à l'état de sel ammoniacal, et notamment de bicarbonate d'ammoniaque. Les produits carbonés se transforment en acide humique, puis sont brûlés complètement dans le sol par l'intervention de l'oxygène de l'air. Quant aux sels à bases minérales, il en est dont les acides sont de nature organique. Ceux-là se détruisent facilement; les autres, ceux à acides minéraux, sont désagrégés en abandonnant les tissus qui les renfermaient et qui se trouvent détruits;

ils deviennent ainsi plus aptes à être attaqués par les agents qui se trouvent dans le sol, et à intervenir dans de nouvelles combinaisons.

XXIX

On s'est souvent demandé si la préparation du fumier était indispensable, et s'il ne serait pas plus économique, et par suite plus utile, de transporter immédiatement dans le sol les matières qui les produisent.

Il est évident que l'altération profonde que subissent les matières premières qui servent à faire les fumiers ne leur ajoute rien d'utile; il est même certain qu'une grande partie de l'azote s'échappe en pure perte, et que, finalement, les produits se détruiraient dans le sol et y laisseraient les éléments fertilisants qu'ils contiennent. Cependant, la fermentation du fumier est un acte préparatoire qui dispose les produits à la combinaison, qui les *unifie*, si l'on peut s'exprimer ainsi, et qui en fait une moyenne beaucoup plus facile à répartir uniformément dans le sol. Il n'est pas douteux non plus que la fermentation ne rende assimilables une foule de produits qui ne le seraient point, tels que les os dégraissés et écrasés, les coprolithes, qui demeureraient presque inertes quand bien même on aurait eu le soin de les pulvériser très finement.

La fermentation des fumiers permet d'ailleurs d'amasser les produits à mesure qu'on les obtient, et il n'y a que dans les pays où l'on tient des terres en jachère, qu'il serait possible de les répartir sur le sol pendant que les moissons sont sur pied.

La fermentation des fumiers est donc une opération utile et inévitable.

Il serait facile de la retarder, de l'empêcher par divers agents, tels que l'alun, le sulfate de fer, les sulfites; mais il faut s'en garder. Seulement, on ne saurait trop le répéter : il faut éviter la déperdition des produits volatils. Il a déjà été dit comment cela peut avoir lieu : en recouvrant le fumier d'une couche de tourbe ou de matières organiques incomplètement carbonisées, ou bien même avec des argiles à demi-cuites et concassées, qui les absorbent et les retiennent. (Voyez p. 13.)

XXX

Une analyse du fumier, faite par M. Boussingault, a donné des résultats qui peuvent être formulés ainsi :

Eau et matières volatiles.	0,7911		0,7911
Matière organique......	0,1422	Hydrogène.................	0,0087
		Oxygène....................	0,0534
		Azote [1]....................	0,0060
		Carbone....................	0,0741
Matières minérales.....	0,0667	Acide carbonique...........	0,0013
		— phosphorique.........	0,0020
		— sulfurique............	0,0013
		Chlore.......................	0,0004
		Chaux.......................	0,0057
		Magnésie..................	0,0024
		Oxyde de fer..............	0,0041
		Potasse et soude............	0,0052
		Résidu insoluble dans les acides......................	0,0443
	1,0000		1,0000

(1) La quantité d'azote est la moyenne de plusieurs analyses publiées par M. Boussingault.

Cette analyse ne fait point connaître la manière dont les éléments sont engagés et répartis dans le fumier, mais seulement leur nature et leur quantité. On désigne ces sortes d'analyses par l'épithète *ultime*. Elles suffisent dans la plupart des cas, et il faut ajouter que ce sont les seules qui permettent d'établir des comparaisons avec la plus grande facilité.

On y remarque presque tous les éléments qui servent à l'édification végétale. Il n'y manque que le manganèse et le fluor, qui étaient sans doute en quantité trop minime pour être dosés.

L'azote n'entre dans le fumier que pour 6 millièmes, soit pour un peu plus qu'un demi-centième.

L'acide phosphorique n'y entre que pour 2 millièmes, et la potasse réunie à la soude pour 5 millièmes.

Sur 1,000 kil. de fumier, il y en a donc 6 d'azote, 2 d'acide phosphorique et 5 de potasse et de soude.

Il est fâcheux que ces deux bases n'aient pas été dosées séparément, parce que la potasse a une valeur beaucoup plus grande que la soude, et parce qu'elles ne peuvent se substituer l'une à l'autre.

On sait que, dans les végétaux même marins, la potasse est en plus grande quantité que la soude, et l'on peut admettre qu'il y en a au moins les trois cinquièmes, ou 60 0/0 de la quantité indiquée.

XXXI

1,000 kil. de guano du Pérou peuvent contenir, en moyenne, 150 kil. d'azote et 120 kil. d'acide phosphorique;

mais on n'y trouve point de potasse. D'où l'on voit que cet engrais est 25 fois plus riche en azote que le fumier, et 60 fois plus riche en acide phosphorique.

Sans atteindre la richesse du guano, ce qui serait inutile et même très dispendieux à obtenir, on conçoit cependant qu'il est possible d'enrichir le fumier et d'y ajouter des principes fertilisants, qu'il ne possède qu'en très petite quantité.

Dans ce cas, c'est la science et l'économie agricole qui doivent nous servir de règle.

De la confection du fumier.

XXXII

Dans des exploitations agricoles où les moindres principes de la science et de l'économie rurale sont inconnus, les fumiers sont simplement préparés en étendant les litières dans la cour principale. Là, on marche dessus, la pluie le détrempe et le lave, le purin est absorbé par le sol ou s'écoule en pure perte, et tous les êtres vivants de l'exploitation sont plongés dans les vapeurs et les gaz qui s'échappent des produits en fermentation.

Ce mode de préparation des fumiers est aussi vicieux que possible et ne permet en aucune manière de les perfectionner; il entraîne une perte considérable de produits utiles, diminue par conséquent le rendement des récoltes, et a, en outre, le désavantage d'être malsain.

Dans la confection du fumier, il importe de ne point s'écarter des deux préceptes suivants : *Ne rien perdre et diminuer le travail autant que possible.*

Pour atteindre ces deux buts à la fois, il faut prendre en considération la disposition des écuries ou des étables, la construction de la fosse à fumier et la distance qui existe des premières à cette dernière.

XXXIII

A. Pour qu'une écurie ou une étable soit bien construite, il faut faire concorder les principes de l'hygiène avec ceux de l'économie. L'air doit y circuler librement sans incommoder les animaux, le service des râteliers et des auges doit être facile, les rations doivent être employées entièrement comme nourriture, la litière doit demeurer aussi propre et aussi saine que possible, les urines doivent se rendre d'elles-mêmes dans la fosse à fumier par la seule action de la pesanteur.

On a cru pendant longtemps que les étables entièrement fermées pendant la nuit et à peine ouvertes pendant le jour étaient fort saines, on en avait même conseillé l'habitation aux malades atteints de phthysie pulmonaire. C'était ce que l'on nommait la *stabulation*, et finalement on s'est aperçu que presque toutes les vaches laitières que l'on entretient dans Paris, vaches qui ne vont jamais aux champs et ne sortent de leur étable que pour boire, étaient presque toutes phthysiques. Cela se conçoit facilement : l'air est constamment imprégné et saturé de vapeurs et de gaz qui, par leur seule présence, diminuent la quantité de l'oxygène qu'il contient, et ont en outre le grave inconvénient d'être en partie combustibles et de se brûler dans les organes où la respiration s'effectue, au lieu des principes qui doivent être détruits ou modifiés par la combustion pour que la santé soit entretenue normalement. Dans de telles conditions, ni la respiration ni la nutrition ne peuvent s'effectuer entièrement, et il en résulte une espèce d'anémie qui ne peut que prédisposer à la phthysie.

Excepté celui qui pénètre par la porte, l'air doit venir d'ouvertures situées à environ un mètre cinquante centimètres du sol de l'écurie. Ces ouvertures doivent être différemment orientées, afin de pouvoir fermer celles par lesquelles pénétrerait un vent trop violent. Dans la région du sud-ouest, ces vents viennent presque toujours de l'ouest et sont accompagnés de pluies ou de tonnerre.

Par un temps calme, il se fait un double courant par chaque ouverture : l'air extérieur descend par leur partie inférieure et se mêle lentement à celui de l'habitation des animaux; celui de l'intérieur, moins dense parce qu'il a une température plus élevée et qu'il est humide, au contraire, sort par la partie supérieure de l'ouverture. On peut facilement observer ce double mouvement en plaçant une bougie allumée dans les différents points indiqués; l'inclinaison de la flamme indique la direction du courant.

Dans les petites écuries où il n'y a qu'une seule porte, il convient que cette dernière soit coupée en deux, afin que sa partie inférieure puisse demeurer fermée pendant que sa partie supérieure reste ouverte.

Les courants d'air froid qui viennent frapper la partie inférieure des membres des animaux, les exposent à contracter plusieurs maladies dangereuses et notamment des rhumatismes qui entraînent ce que l'on nomme la *boi-*

ture à froid; c'est à dire que l'animal boite au sortir de l'écurie, et qu'il ne peut fonctionner convenablement qu'après s'*être échauffé* ou avoir marché pendant un certain temps.

La force et l'énergie musculaire des animaux dépendent aussi de la pureté de l'air qu'ils respirent, ainsi que cela vient d'être expliqué.

B. Dans une écurie bien construite, le service du râtelier et de l'auge peut être fait du côté opposé à celui où sont placés les animaux, et, de plus, il y a une légère cloison transversale atteignant presque la hauteur de l'auge, et inclinée de haut en bas et de l'animal au couloir de service. Cette cloison fait que la paille et le foin que l'animal laisse tomber ne se mêlent point à la litière, et se rendent dans la partie inférieure du couloir, où on peut les recueillir et les remettre au râtelier.

Plusieurs étables de la Gironde sont construites d'après ces principes, et je n'entre dans ces détails que parce que si l'on veut construire des bâtiments pour y recevoir des animaux et les disposer pour arriver à une confection économique du fumier, il convient qu'en même temps on puisse mettre en pratique toutes les conditions qui ont été reconnues les meilleures et les plus avantageuses, tant pour le service que pour l'entretien de la santé des animaux.

C. Il convient que les urines s'écoulent directement de l'étable ou de l'écurie dans la fosse à fumier. En remplissant cette condition, la litière demeure plus propre tant qu'elle est sous l'animal; on évite de la main-d'œuvre, et les urines sont recueillies sans perte.

Pour atteindre ce but, on a employé plusieurs moyens : le sol a été drainé, et le tuyau collecteur conduisait les urines dans la fosse à fumier. On a dallé la place occupée par les animaux; je conseille de la planchéier.

Le drainage doit être repoussé, parce qu'il exige forcément que le sol de l'établissement soit perméable et imprégné d'urine qui s'y putréfie, et donne incessamment des vapeurs malfaisantes. D'une autre part, le sol drainé n'a pas la résistance voulue pour que les pieds des animaux y trouvent une assiette convenable, et il se trouve sans cesse imprégné de matières boueuses infectes et des plus sales. Tous ces inconvénients subsisteraient encore en partie quand même le terrain drainé ne serait qu'à la partie postérieure des animaux. On n'en diminuerait nullement les inconvénients anti-hygiéniques, quand même cette partie du terrain serait recouverte de plaques percées de trous. Il peut d'ailleurs arriver un moment où, par suite des réactions imprévues, la perméabilité du terrain soit détruite.

Le drainage du sol des écuries et des étables doit donc être repoussé.

D. Le dallage du sol par des pierres suffisamment résistantes peut satisfaire à la plupart des conditions exigées. Ce dallage doit être incliné d'au moins un centimètre par mètre, en allant de la tête de l'animal vers sa partie postérieure. A deux mètres cinquante centimètres de l'auge, il doit former une rigole parallèle à cette dernière. Cette rigole doit conduire directement les urines dans la fosse à fumier.

Un carrelage en pavés céramiques, reposant sur un sol bien battu et reliés avec du ciment, est aussi excellent et presque indestructible.

Dans un lieu où le dallage et le carrelage exigeraient une dépense trop considérable, on pourrait le remplacer par de l'argile étendue en couche épaisse et fortement battue.

Un plancher en bois, formé de planches épaisses, et dont le fil serait parallèle à l'axe du cheval, donnerait de bons résultats. Ce plancher serait convenablement incliné, et, dans sa partie la plus basse, celle qui aboutit à la rigole qui sert pour recueillir les urines et les conduire à la fosse à fumier, il pourrait être au moins à dix centimètres du sol, et sa partie inférieure serait reliée au sol par une traverse ou par une construction en brique et mortier, pour éviter que le balai des valets d'écurie n'étende les déjections au dessous du plancher, et ne fasse naitre ainsi un foyer d'infection.

Un plancher ainsi élevé a plusieurs avantages :

1° Il soustrait les jambes postérieures des animaux à l'action trop directe des courants d'air; — 2° il conduit peu la chaleur, et permet qu'ils puissent s'y coucher sans contracter des refroidissements toujours nuisibles; — 3° les urines et les matières fécales tombent en dehors du plancher, qui est presque toujours propre; — 4° enfin, il est très facile de le laver et de le nettoyer. On peut même le construire de manière à le rendre mobile, afin que le nettoiement en soit plus facile et plus complet.

Dans certaines étables à bœufs, on élève fortement la partie qui est sous les pieds antérieurs de ces animaux.

Cette disposition les fait paraître plus grands, et n'offre aucun autre avantage. C'est un *trompe-l'œil* qui flatte l'amour-propre du propriétaire, ou une supercherie à l'égard de ceux qui achètent les bestiaux.

Les matières fécales pouvant se rencontrer en quantité notable dans la rigole qui collecte les urines et les dirige dans la fosse à fumier, il est convenable que cette rigole ne soit point recouverte, afin qu'elle puisse être balayée facilement.

Il faudra avoir soin de l'entretenir en bon état, et de veiller à ce qu'elle n'ait aucune solution de continuité par laquelle une partie des urines serait perdue. Si un tel fait se présentait, on pourrait enlever la terre qui aurait été pénétrée par les urines et l'étendre en couche sur le fumier.

XXXIV

A. Lorsque l'on veut faire une fosse à fumier, il faut la rapprocher autant que possible des étables et des écuries, sans cependant nuire à leur service, afin de diminuer le trajet des litières que l'on doit y déposer. Il faut compter que le transport de ces matières est représenté par un certain nombre de journées de travail, et que quelques mètres de plus à parcourir peuvent à la fin de l'année représenter des kilomètres; que, d'une autre part, cet excès de travail n'augmentât-il pas la main-d'œuvre, il y aurait encore un avantage à ne point fatiguer les hommes qui en sont chargés.

B. Une fois la place arrêtée, on comptera que la fosse

doit avoir une capacité de 10 à 12 mètres cubes pour chaque tête de bétail. La hauteur du fumier ne devant pas être considérable, 1 à 2 mètres au plus, il est facile de calculer l'étendue de la base de la fosse. Cette base devrait être d'environ 6 mètres carrés par tête d'animal, en donnant 2 mètres de hauteur au fumier, et en admettant qu'on ne la remplit et qu'on ne la vide qu'une seule fois par an.

Après avoir déterminé la surface que la fosse doit avoir, si une de ses dimensions est déterminée par l'emplacement où elle se trouve, on obtiendra l'autre dimension en divisant la surface exprimée en mètres carrés par la dimension connue; le quotient indiquera le côté cherché.

Si la fosse doit être carrée, sa surface sera comme le produit du côté par lui-même : un côté de 5 mètres donnerait une fosse de 25 mètres carrés; un côté de 10 mètres en donnerait une de 100, et un côté de 20 mètres en donnerait une de 400.

La surface croît comme le carré des côtés, et l'on en tire comme conséquence que les côtés sont comme les racines carrées des surfaces. En conséquence, si l'on a fixé la surface que doit avoir une fosse de forme carrée, il faudra extraire la racine carrée de cette surface pour avoir la dimension du côté de cette fosse [1].

Une fosse circulaire dont le rayon serait de 5m64

[1] Ceux qui ne savent point extraire la racine carrée d'un nombre, la trouveront facilement par le tâtonnement, en cherchant un nombre qui, multiplié par lui-même, donne un produit égal à la surface voulue.

aurait une surface de 100 mètres carrés. Une fosse dont le rayon serait double aurait une surface quatre fois plus grande; ainsi de suite ([1]).

C. Le fond de la fosse devra être plus bas que le sol, afin que les urines puissent y pénétrer en s'écoulant par la seule action de la pesanteur. Cette profondeur ne devra pas dépasser 1 mètre, parce que, s'il est facile d'y laisser tomber la litière, il ne l'est point d'en extraire le fumier, et qu'il faut un travail d'autant plus grand et d'autant plus dispendieux, que la fosse est plus profonde. Son pourtour extérieur devra être revêtu d'une muraille imperméable. La brique, reliée par du ciment, est excellente pour cet usage. Au dessus de la muraille devra s'élever un mur, dont la hauteur, mesurée à l'extérieur, ne devra pas dépasser 80 centimètres.

Le fond de la fosse devra être rendu imperméable. Pour cela, il faudra le daller, le carreler, y mettre un enduit de ciment hydraulique, ou au moins le couvrir de bonne argile bien battue. Il faut remarquer que si l'ar-

([1]) La surface d'un cercle est représentée par le produit du carré de son rayon, par le nombre constant 3,14, qui est le rapport du diamètre à la circonférence. Soit, en d'autres termes, le nombre qui indique combien de fois la circonférence contient le diamètre.

Si l'on cherche le rayon d'un cercle dont la surface est donnée, il faut d'abord diviser la surface par 3,14. On obtiendra ainsi un quotient qui sera le carré du rayon. La racine carrée de ce quotient sera le rayon cherché.

Par exemple, un cercle d'une surface de 100 mètres carrés, divisé par 3,14, donne 31,84 pour quotient. La racine carrée de ce nombre est 5,64, ou le rayon cherché à 1 centim. près.

gile est suffisamment imperméable, elle ne se détrempe pas moins dans le purin, et qu'elle offre de grands désagréments aux ouvriers qui vident les fosses à fumier.

D. Le purin se rend à la partie inférieure de la fosse à fumier, et son contact avec la matière qui a servi de litière est par cela même fort inégal : sa partie inférieure y plonge entièrement, tandis que sa partie supérieure en est complétement privée. Il résulte de ce fait, que le fumier ne se forme qu'inégalement et très imparfaitement. Pour remédier à cet inconvénient, on peut remuer le fumier dans la fosse; mais cette opération exige une main-d'œuvre assez considérable, et bientôt cette opération devient impossible, parce que la hauteur du fumier ne permet plus qu'elle se fasse. Il est plus convenable de construire la sole de la fosse de telle manière qu'elle soit inclinée vers un point déterminé, où l'on creuse une espèce de puisard. Le purin se rassemble dans ce puisard. On peut l'en extraire à l'aide d'une pompe et le répandre sur toute la surface du fumier. On hâte, par ce moyen, la fermentation qui doit transformer la litière en fumier, qui en désagrége les éléments, les fait entrer dans de nouvelles combinaisons, et les prépare à l'accomplissement des derniers phénomènes qui doivent avoir lieu dans le sol.

E. Il est utile que la fosse soit couverte et que les eaux de pluie n'y pénètrent point; car cette eau, si elle était trop abondante, affaiblirait le purin, et mettrait un obstacle aux réactions chimiques qui transforment la litière en fumier. Cependant, si l'on reconnaissait que la quantité de purin n'est pas assez considérable pour arroser convenablement le fumier, il serait très facile d'y ajouter de l'eau, même sans main-d'œuvre; il suffirait pour cela d'entourer d'une gouttière le toit qui recouvre la fosse, et de diriger l'eau de pluie dans la fosse au lieu de la faire couler au dehors.

F. Le toit devra être percé par le milieu, et l'ouverture qui en résultera devra aboutir dans une cheminée faite avec de simples planches clouées sur une carcasse en charpente. Cette cheminée a pour but de disperser dans l'atmosphère les produits odorants qui s'échappent du fumier.

Amélioration des fumiers.

XXXV

L'amélioration des fumiers est devenue une nécessité; car ils sont insuffisants comme quantité et comme qualité.

On peut augmenter la quantité des fumiers, comme on le verra dans le chapitre suivant, puisque l'on peut faire des fumiers artificiels; mais sans en augmenter la quantité, on obtiendra sensiblement le même résultat si on les enrichit par l'addition de produits fertilisants, puisque, en agissant ainsi, on les rendra aptes à donner des récoltes plus considérables, et même à pouvoir servir l'amélioration d'un sol plus étendu.

A. Un hectare de terre, sur lequel on dépose 50 mètres cubes de fumier pesant 37,500 kilogrammes, reçoit ainsi 5,000 kilogrammes de matière organique, et 2,500 kilogrammes de matière minérale.

La matière organique contient environ 200 kilogrammes d'azote et 2,600 kilogrammes de carbone.

Quant à la matière minérale, elle ne renferme que 75 kilog. d'acide phosphorique, et cette quantité est insuffisante pour quatre récoltes qui devront avoir lieu successivement, avant que de nouvel engrais vienne réparer les pertes du sol.

La potasse et la soude y sont aussi en quantité insuffisante; mais y en eût-il trop, il ne pourra arriver qu'en quatre ans les végétaux aient pu recueillir, absorber et utiliser entièrement ces matières; il y en aura certainement une partie qui échappera à leur action.

Voilà ce qui a lieu avec une forte fumure de 50 mètres cubes de fumier par hectare. Si l'on en employait seulement 40, ce qui est le plus ordinaire, et 30, ce qui a souvent encore lieu, ont verrait qu'alors tous les éléments qui constituent le fumier sont en quantité trop faible et qu'il est indispensable d'y suppléer.

Il est vrai que le sol se désagrége lentement, et qu'il offre ainsi de nouveaux éléments à l'alimentation des végétaux. Il est encore vrai que les courants interstitiels leur apportent aussi une partie notable de produits utilisables; mais ces ressources sont insuffisantes, et l'on ne peut compter sur elles pour avoir des récoltes rémunératrices et encourageantes.

Qu'importent d'ailleurs toutes les explications et toutes les théories, s'il est certain, comme on n'en peut douter, que de riches engrais produisent de bonnes récoltes, et que l'on peut obtenir ces engrais à un prix tel qu'ils donnent des bénéfices.

Les engrais peuvent être améliorés par l'emploi de matières organiques, carbonifères ou azotées, et par celui de matières minérales d'une nature spéciale.

B. Si l'exploitation agricole dispose d'une quantité suffisante de paille pour former la litière des animaux, il n'y a pas à s'inquiéter de la matière carbonée; cependant, il est des tourbes légères, peu altérées, contenant jusqu'à 2 centièmes d'azote, qui peuvent être disposées par couches dans la fosse à fumier.

Les matières azotées que l'on peut ajouter au fumier sont des urines humaines, celles que l'on extrait des fosses d'aisance; les eaux-vannes, ou les liquides retirés de ces mêmes fosses et formées par des matières fécales délayées dans l'urine; des matières fécales humaines délayées dans l'eau, et que l'on prive d'odeur, soit en les désinfectant avec un peu de plâtre contenant environ un cinquième de sulfate de fer, ou en recouvrant la fosse à fumier de tourbe ou de matières incomplètement carbonisées. Le sulfate d'ammoniaque et le guano sont d'un prix fort élevé; mais ils sont si riches en azote, qu'ils peuvent nous donner des résultats avantageux, surtout le guano, qui contient en outre des phosphates et des composés organiques qu'il importe d'ajouter au fumier.

C. Pour ce qui est relatif aux matières minérales, ce sont surtout des phosphates et des composés potassiques qu'il importe d'ajouter au fumier.

Des coprolithes ou de l'apatite *en poudre très fine,* saupoudrées sur les couches inférieures du fumier qui sont immédiatement et continuellement en contact avec le purin; mais surtout l'apatite traitée par l'acide sulfurique, ainsi que cela a été dit.

Des os dégraissés et réduits en poudre, ou plutôt même des os traités préalablement par l'eau à une température élevée pour en extraire la gélatine, peuvent donner l'acide phosphorique nécessaire aux plantes. Si ces os sont moins riches que les premiers, parce qu'ils ont perdu une matière organique fortement azotée, ils sont poreux et plus facilement attaquables par les éléments qui forment le fumier. Mais il faut, pour ces os comme pour les autres phosphates fortement agrégés, qu'ils soient placés vers la partie inférieure de la fosse, afin qu'ils soient soumis à l'action des agents qui se forment pendant la fermentation du fumier. Quant aux sels potassiques et sodiques, ils sont généralement trop solubles pour être employés en quantité notable. Cependant, préparés comme ils le sont dans les *Amendements généraux*, ils ne se dépensent que lentement et selon les besoins des végétaux.

Les sels potassiques et les sels sodiques, introduits dans le fumier, facilitent la désorganisation des matières végétales, attaquent presque tous les sels minéraux et les transforment en sels potassiques ou sodiques.

Les composés magnésiens sont souvent en quantité insuffisante dans le sol pour qu'il puisse donner du blé en abondance, car ce fruit réclame la présence du phosphate de magnésie, sans lequel il ne peut se former.

Ainsi que je l'ai déjà fait observer, c'est la mer qui absorbe tous les produits fertilisants du sol, et c'est à elle qu'on devra s'adresser enfin pour en obtenir. Dès à présent, les eaux-mères des salines pourraient donner à l'agriculture de la soude, de la potasse et de la magnésie ; mais plusieurs années s'écouleront encore, quelque pressants que soient les besoins de l'agriculture, avant que l'on puisse en faire usage ; car le sel qu'elles contiennent est soumis au fisc, et il faudra surmonter bien des difficultés administratives avant que l'on puisse profiter des eaux-mères qui se trouvent en France dans un grand nombre de salines. Il n'y a que celles qui sont exploitées par les procédés de M. Balard qui pourraient en fournir ; mais le prix du transport serait trop élevé pour qu'elles pussent être employées partout avec avantage.

XXXVI

Les fumiers en fermentation donnent généralement lieu à une perte d'ammoniaque qui les appauvrit en diminuant la quantité d'azote qu'ils contiennent. L'ammoniaque s'échappe principalement à l'état de carbonate, sel qui est volatil. Il résulte de la connaissance de ce fait que l'on peut s'opposer à cette perte en transformant ce sel en un autre sel plus fixe. On y parvient en ajoutant du plâtre, du sulfate de fer ou des cendres noires au fumier. On peut aussi faire usage de la liqueur de MM. Blanchard et Château, ou bien employer un mélange de phosphate de soude ou de potasse, de sulfate de magnésie et de sulfate de fer.

A. Le plâtre ou sulfate de chaux étant mis en présence du carbonate d'ammoniaque, il en résulte une décomposition mutuelle qui donne du carbonate de chaux et du sulfate d'ammoniaque.

Le sulfate de chaux doit être employé en petite quantité, parce qu'il est assez soluble dans l'eau pour nuire aux plantes, si celle qu'elles absorbent en est saturée.

Le calcul indique qu'il faudrait 20 kil. de plâtre ou de gypse anhydre, pour décomposer le carbonate d'ammoniaque qui pourrait être produit par l'azote contenu dans un mètre cube de fumier; mais cette quantité est trop considérable et peut être réduite au moins de moitié.

Cette quantité de plâtre correspond à 0,027 du poids du fumier, en admettant que le mètre cube de ce produit pèse 750 kilogrammes; mais on n'en ajoute ordinairement qu'un centième, soit 7 à 8 kilogrammes par mètre cube. On pourrait aller jusqu'à 10. La quantité de plâtre que l'on ajoute à la semence des légumineuses est de 200 à 300 kilogrammes par hectare. 40 à 50 mètres cubes de fumier employées en une seule fois sur 1 hectare de terre, mais pour quatre ans, y en introduiraient 400 à 500 kil.

B. Le sulfate de fer donne un résultat analogue à celui produit par le plâtre : il fait naître du sulfate d'ammoniaque comme le sulfate de chaux, et il se fait du carbonate de fer qui se décompose lorsque le métal passe à l'état de sesquioxyde hydraté.

Le sulfate de fer jouit d'une propriété que ne possède point le sulfate de chaux : il décompose les sulfures en passant à l'état de sulfure de fer, composé éminemment altérable par la présence de l'oxygène, et qui repasse à l'état de sulfate.

C'est par suite de cette propriété qu'il peut désinfecter

les fumiers, et surtout les matières fécales humaines, qui répandent une odeur si infecte de matières sulfurées, et spécialement d'hydrosulfate d'ammoniaque, lorsqu'elles sont en fermentation.

Le sulfate de fer a l'inconvénient de s'unir aux tissus végétaux, et notamment à la matière azotée qu'ils renferment; aussi ne doit-on l'employer qu'à très faible dose, parce qu'il arrêterait la fermentation du fumier et s'opposerait à ce que ses éléments organiques pussent être utilisés par les plantes.

C. Les cendres noires de Picardie contiennent du sulfate de fer, et peuvent, par conséquent, servir pour fixer l'ammoniaque du fumier; mais elles ne doivent être employées que lorsque cet engrais est destiné à des terres calcaires. Dans ce cas, il se forme finalement du sulfate de chaux qui n'est point nuisible, tandis qu'il n'en serait point de même dans des terres siliceuses, comme celle des landes de Gascogne.

Il ne conviendrait pas d'employer plus d'un kilogramme de sulfate de fer par mètre cube de fumier. Cette quantité serait insuffisante, mais elle désinfecterait le fumier instantanément et pour un certain temps. On pourrait en ajouter d'autre ultérieurement. Le sulfate de fer doit être employé à l'état de dissolution dans l'eau. On l'ajoute au fumier à l'aide d'un arrosoir qui le répartit également.

Ce sel peut aussi être employé conjointement avec le plâtre, et en remplacement d'une partie de ce dernier. Quoiqu'il contienne beaucoup moins d'acide sulfurique que le plâtre, il ne faut point en employer autant, pour les raisons qui ont été dites. On pourrait alors employer

5 à 6 kilogrammes de plâtre et 1 kilogramme de sulfate de fer par mètre cube de fumier.

Le sulfate de fer est indiqué quand la terre à laquelle est destiné le fumier est incolore ou blanche, car c'est alors qu'elle ne contient point de fer.

D. Le sulfate de chaux (plâtre) et le sulfate de fer peuvent, jusqu'à un certain point, être remplacés par de l'acide sulfurique.

On en ajoute un centième en poids au fumier, soit 7 kilogrammes 5 dixièmes par mètre cube, après l'avoir étendu de 10 fois son poids d'eau; *mais cet acide ne convient qu'aux fumiers destinés à des sols calcaires,* à moins que l'on n'y ajoute ultérieurement des matières calcaires, des cendres lavées ou non lavées, ou des phosphates tribasiques pulvérulents (1).

E. MM. Blanchard et Château sont parvenus à préparer économiquement un mélange de phosphate acide de magnésie et de phosphate acide de fer, solubles dans l'eau, qui est aussi très propre à fixer l'ammoniaque partout où elle se trouve.

Par l'emploi de cet agent, elle donne naissance à du phosphate ammoniaco-magnésien, insoluble dans l'eau. Le phosphate de fer agit comme le sulfate, et décompose l'hydrosulfate d'ammoniaque, en donnant du sulfure de fer et du phosphate d'ammoniaque (2).

Le produit est sous forme liquide; il doit marquer 35

(1) Les phosphates tribasiques sont ceux qui renferment trois équivalents de bases pour un équivalent d'acide, comme l'*apatite,* les *coprolithes* et le *phosphate calcaire des os.*

(2) L'hydrosulfate d'ammoniaque étant cependant un hydro-

degrés au pèse-acide, et contient, disent MM. Blanchard et Cie, qui fabriquent ce produit, environ 230 gramm. d'acide phosphorique anhydre par litre. Le litre de ce produit pèse 1,300 grammes. Il est vendu 55 francs les 100 kilogrammes, emballage en sus, et pris en gare à Paris. Cela porte le prix de revient de l'acide phosphorique anhydre à 3 francs 11 centimes le kilogramme, ce qui est un prix fort élevé et qui rend ce produit peu propre à être employé sur une grande échelle.

F. Un mélange de phosphate de soude et de sulfates de magnésie et de fer peut remplacer le composé précédent pour la précipitation de l'ammoniaque à l'état de phosphate ammoniaco-magnésien des divers liquides qui la contiennent. Mais, quand il s'agit du fumier, pour ne point y introduire trop de soude, lorsque la potasse n'y est jamais en quantité suffisante, on peut remplacer une partie du phosphate de soude par du phosphate de potasse. Ce mélange est neutre, il est solide, d'un transport plus facile, et finalement son prix est moins élevé si l'on tient compte de la valeur des bases qu'il contient [1].

sulfate de sulfure ammonique, la théorie indique que de l'hydrogène sulfuré, gaz infect et dangereux, doit se dégager lorsque ces deux sels sont en présence.

Pour les urines qui ne contiennent point de sulfure, il est inutile d'employer du sulfate de fer.

Les eaux-mères des salines et le phosphate acide de chaux sont les produits qui entraînent le moins de dépense pour la précipitation de l'ammoniaque et de l'acide phosphorique des urines putréfiées.

[1] Lorsque l'on dissout ce mélange dans l'eau, il se forme

XXXVII

Il est difficile aux agriculteurs, et surtout à ceux qui n'ont qu'une petite exploitation, de se procurer toutes les matières utilisables pour améliorer ou remplacer les engrais de ferme, et surtout de les soumettre aux opérations mécaniques et chimiques qu'elles réclament.

C'est pour cela que j'ai songé à faire un amendement minéral et général qui contienne tous les produits minéraux utilisables pour les plantes, et dans l'état qui convient pour qu'ils ne soient dépensés qu'à mesure des besoins de ces dernières.

Ces amendements suffisent pour améliorer considérablement les fumiers et les rendre beaucoup plus fertilisants qu'ils ne le sont en général.

Il en est de deux espèces : l'un est très riche et fait avec les matières qui en fournissent les éléments à l'état concentré; il peut, sous un petit volume, donner des résultats rapides et considérables; l'autre, fait le plus économiquement possible, contient forcément des produits qui ne peuvent être utilisés dans un temps aussi court, ou qui ne peuvent l'être en même temps que les autres.

Ces amendements peuvent être employés dans les défrichements. Ajoutés au fumier, ils l'enrichissent;

un dépôt de phosphate de fer; mais ce produit est facilement décomposé par le sulfure ammonique, qui donne du sulfure de fer et du phosphate ammonique propre à produire du phosphate ammonico-magnésien.

réunis au guano, ils le complètent, et empêchent qu'il ne soit jamais épuisant, en même temps qu'ils le rendent beaucoup plus productif. Ils conviennent spécialement à la vigne et à la betterave. Ils peuvent, enfin, servir pour faire des engrais artificiels.

Je reviendrai sur ces amendements dans la partie économique de ce travail, et je ferai voir comment ils peuvent être employés pour mettre en culture des sols presque stériles, sans engager leurs propriétaires dans de grandes avances de fonds.

Ces amendements généraux peuvent aussi tenir lieu des agents propres à retenir l'ammoniaque dans les fumiers, et dont il a été question dans le paragraphe précédent.

Fumiers artificiels.

XXXVIII

Les fumiers artificiels, comme le fumier naturel, doivent renfermer tous les produits réclamés pour l'édification des végétaux.

L'erreur générale qui a régné jusqu'à ce jour, et qui existe encore chez un grand nombre d'agriculteurs, quoique j'enseigne le contraire depuis quinze ans sans désemparer, est qu'une matière unique puisse être un engrais.

J'ai eu l'occasion de signaler et d'expliquer les déceptions qui sont résultées de l'emploi du noir animal de raffinerie, comme un engrais propre aux landes de Bretagne.

D'autres ont cru que, quand ils étaient parvenus à altérer la paille en la désorganisant par des alcalis, ils avaient fait du fumier artificiel; tel a été le fumier Jauffret fait avec de la paille et de la soude caustique; tel est aussi l'engrais sans bestiaux, de M. A. Grillon, fait avec de la paille ou des fourrages verts et de la chaux vive arrosée avec de l'eau.

Des erreurs de ce genre ont régné dans la science à l'origine de la création de la chimie agricole, qui ne date que de quelques années. Ces erreurs étaient d'ailleurs presque inévitables, et elles n'ont dû leur origine qu'à ce que chaque observation a été trop généralisée; mais chacune d'elles était fondée sur des faits positifs et nouvellement acquis à la science.

Elles ont eu un retentissement d'autant plus grand, qu'elles étaient attribuées à des savants du premier mérite, et à ceux-là même qui ont le plus travaillé à l'édification de cette partie de la science. En France, on a d'abord signalé l'azote comme le produit unique et essentiel des engrais. La valeur de ces derniers ne pouvait, disait-on, être déterminée que par la quantité d'azote qu'ils contiennent. Le cours d'agriculture de M. de Gasparin a été rédigé tout entier d'après cette idée trop exclusive (1).

Cet ouvrage est rempli de calculs fondés sur cette

(1) Cependant, si elle est fausse pour des engrais uniquement azotés ou incomplets, elle est sensiblement vraie pour le fumier qui, lorsqu'il contient assez d'azote pour satisfaire aux récoltes qu'il est appelé à produire, à cela près de la potasse, contient les autres éléments en quantité suffisante.

pensée erronée, qui indiquent que l'agriculteur est toujours en perte, et que l'agriculture est pour ainsi dire impossible. M. Liebig, à qui la science doit tant de beaux travaux de chimie, n'a pas moins, dans ses premières lettres et dans sa chimie appliquée à l'agriculture, indiqué que les matières minérales du sol concouraient seules à l'édification des végétaux, et que le reste était puisé dans l'atmosphère. MM. Boussingault et Payen ont cru devoir ensuite rapporter la richesse des engrais à l'azote et à l'acide phosphorique. Le guano du Pérou, qui contient une quantité si considérable de chacun de ces éléments, n'est cependant point un engrais complet, puisqu'il épuise le sol : il ne l'enrichit que de ces deux produits, et ceux-là font disparaître les autres [1].

Plus tard, M. de Gasparin a publié son agrologie sans date pour réparer l'erreur qu'il avait commise. C'est là qu'il revient sur le rôle de l'azote, et qu'il reconnaît qu'il n'est point la seule matière utilisable par les végétaux.

Je n'ai jamais partagé ces opinions, et quoiqu'il soit facile de démontrer que les végétaux empruntent des produits à l'atmosphère, j'ai toujours pensé, et j'ai constamment enseigné qu'il fallait le concours de tous les éléments utilisables par les végétaux dans le sol arable; que chacun d'eux y jouait un rôle considérable,

[1] Il faut dire que M. Boussingault revient avec énergie sur ce fait, et qu'il affirme qu'il n'a jamais admis que l'azote pût être le seul principe fertilisant. Il faut reconnaître au moins que la pensée de cet éminent savant a été mal interprétée, même par M. de Gasparin.

indispensable, et que tous concouraient à l'édification du végétal.

Dès l'année 1856, j'ai engagé l'Académie Impériale de Bordeaux à proposer un prix sur ce sujet.

Ce n'est donc ni l'azote, ni l'acide phosphorique, ni simplement des matières minérales qu'il faut employer pour imiter le fumier, et confier finalement au sol pour obtenir des récoltes rémunératrices : c'est le concours des seize éléments utilisables. L'aluminium peut seul faire exception, parce qu'il n'entre point d'une manière certaine dans la constitution des végétaux; mais à l'état d'oxyde (alumine), il est cependant éminemment utile pour communiquer à la terre cette porosité qui la rend apte à faire naître des réactions, impossibles ou fort lentes sans lui.

XXXIX

A. Toutes les matières qui ont été indiquées pour enrichir le fumier peuvent aussi être employées pour en faire d'artificiels. Vu celles que l'on peut se procurer, ces matières peuvent être divisées en carbonifères, en azotées et en minérales.

Il est inutile de revenir sur ces matières, qui ont été étudiées (XI à XVII), et je me bornerai à les signaler et à donner quelques formules.

B. La masse du fumier ou sa partie carbonifère peut être représentée par des pailles de diverses natures, des plantes vertes, des feuilles, du marc de raisin, de la tourbe, du terreau, de la terre de marais, de la sciure de bois, de la tannée, de la pulpe de betterave, du *gâchis* de pomme de terre, provenant de la préparation de la fécule, ou toute autre matière organique que l'on pourrait se procurer en quantité suffisante (XVII).

Si l'on n'avait point de telles matières à sa disposition, il ne faudrait cependant point pour cela renoncer à produire un engrais qui pût, jusqu'à un certain point, tenir lieu de fumier.

On pourrait alors se servir de marne *délitable* (¹), ou d'argile à demi-cuite, l'une et l'autre réduites en fragments granulaires. Il est aussi des produits analogues aux marnes, qui sont employés pour faire des chaux hydrauliques, et qui contiennent une quantité très notable de potasse. Ces produits devront être préférés à la marne.

La marne étant inutile dans les terres calcaires, on devra la remplacer par de l'argile cuite.

S'il existe de l'argile sur les lieux mêmes, rien de plus facile que de la cuire. Pour cela, il faut creuser des fosses longitudinales de 50 centimètres de profondeur, y déposer le combustible dont on dispose, et recouvrir le tout avec des morceaux de terre argileuse.

On a calculé que 210 fagots ordinaires suffisent pour calciner 42 tombereaux d'argile représentant 30 mètres cubes. Cette quantité de matière suffit pour fumer 1 hectare de terre pendant cinq ans, et ne coûte qu'environ 40 fr., soit 1 fr. 35 c. le mètre cube.

Si l'argile pouvait, sans entraîner de grands frais et

(¹) Je donne ce nom à la marne qui peut être délayée facilement dans l'eau sans avoir besoin d'être écrasée.

avant d'être calcinée, être mêlée avec les matières minérales et même avec des matières organiques carbonées ou azotées, elle n'en serait que plus efficace, et pourrait à elle seule communiquer une grande fertilité au sol.

Il importe de remarquer que l'argile cuite peut être ajoutée à toute espèce de terres, même à celles qui sont argileuses. Elle les modifie avantageusement, et les rend plus aptes à produire tous les phénomènes qui s'accomplissent dans le sol arable pour rendre assimilable, par les végétaux, les éléments qui y sont enfouis.

C. Les matières azotées seront employées à l'état liquide, comme les urines, les eaux-vannes, les eaux du gaz, les eaux croupies; sinon, elles seront délayées dans l'eau si elles sont susceptibles de l'être, comme le sang, les matières fécales, le guano du Pérou.

Les matières azotées absolument insolubles dans l'eau et non délayables, telles que la laine, les poils de telle nature qu'ils soient, les râpures de corne, les ongles et les onglons, employées seules, se décomposent trop lentement pour déterminer une fermentation dans le fumier; mais il est on ne peut plus facile de les dissoudre dans une lessive de potasse ou de soude caustique, ou au moins de les attaquer par ces agents. Cette lessive peut être facilement préparée, soit avec une lessive de *cendres vives* [1], une dissolution de potasse du commerce ou de sel de soude, à laquelle on ajoute de la chaux vive.

Pour opérer, on délite la chaux avec la dissolution al-

[1] On donne ce nom, dans le commerce, aux cendres non lessivées.

caline. La chaux s'empare de l'acide carbonique du sel de potasse ou de soude et fait passer ces alcalis à l'état d'hydrate.

Le mieux serait d'employer une lessive de cendres ordinaires, d'y dissoudre du sel de soude, et de décomposer simultanément par la chaux les deux carbonates qu'elle contient.

La chaux carbonatée qui se forme dans cette réaction est éminemment apte à être assimilée par les végétaux, et il est convenable de l'ajouter aux produits destinés à faire du fumier artificiel. Il en devra être de même des cendres qui auraient été lessivées pour en extraire le carbonate de potasse.

La lessive alcaline, préparée comme il vient d'être dit, dissout instantanément, même à froid, les produits épidermoïdes, pourvu qu'ils soient préalablement divisés. La lessive doit être employée en quantité aussi petite que possible. Un excès serait nuisible par la trop grande quantité d'alcalis qu'elle introduirait dans le sol.

Cette lessive, versée sur la *masse* destinée à être convertie en fumier, l'altère presque immédiatement, en transformant en humus et en acide humique la matière ligneuse qu'elle contient.

La chaux vive seule, délitée par l'eau, attaque aussi les matières épidermoïdes, mais moins rapidement que la potasse et la soude.

Ces matières, fortement alcalines, ne doivent point être ajoutées à d'autres matières ou à des fumiers contenant des sels ammoniacaux ; car elles les décomposeraient et en chasseraient l'ammoniaque, qui serait perdue.

D. Les matières minérales peuvent être toutes représentées par l'amendement général qui a été signalé. (XXXVII.)

A défaut de cet amendement, il faut avoir recours à divers produits qui peuvent représenter les éléments minéraux. Ces produits sont essentiellement les phosphates, les composés potassiques et sodiques, les produits magnésiens, les sulfates, les azotates si l'on peut s'en procurer à bas prix, les chlorures, les fluorures.

Comme phosphates, on peut employer le noir de raffinerie, l'apatite, les coprolithes, le guano des îles Baker et Jervis, les os calcinés ou traités par l'eau, les os dégraissés ou pulvérisés.

Il a été dit comment ces produits devaient être traités pour qu'ils pussent être utilisés. Sans ces opérations préalables, ils ne donneraient pas des résultats suffisamment évidents et rémunérateurs. (Voyez XXXV. — C.)

La potasse et la soude se vendent à l'état de carbonates plus ou moins purs, sous les noms de *potasse*, de *perlasse*, de *sels de varechs*, de *sel de soude*. Le carbonate de potasse existe en abondance dans les *cendres vives*. Il existe aussi de la potasse dans les lies de vin et dans le tartre des tonneaux. Il y en a encore dans le feldspath dit *orthose*, et dans certains produits marneux employés pour faire des chaux hydrauliques, ainsi que cela a été signalé. (XXXIX. — B.)

Il a été question de la magnésie dans le paragraphe XXXV — C. Pour les fluorures, on se reportera au paragraphe XVII, p. 32.

XL

Les matières minérales seront mêlées avec la masse [1] organique ou non qui doit les recevoir. La manière la plus convenable pour en opérer la répartition sera de disposer la *masse* par couches minces et de la saupoudrer avec la matière minérale. Lorsque ce mélange sera terminé, le tout devra être arrosé avec la matière azotée, dissoute ou délayée dans l'eau. Le poids de ce liquide devra égaler trois à quatre fois celui de la matière organique, ou plus simplement son volume sera de six hectolitres par mètre cube.

Masse. — Le liquide devra ensuite être remonté avec une pompe; car un seul arrosage serait tout à fait insuffisant.

Lorsque la fermentation sera terminée, le produit pourra être porté sur les champs.

La fermentation est reconnaissable à l'élévation de température du fumier et aux vapeurs qui s'en exhalent.

Cette réaction serait beaucoup hâtée si le fumier était arrosé avec de l'eau chaude. Si l'on employait du sang, la température de l'eau ne devrait pas atteindre 70 degrés du thermomètre centigrade, parce que l'albumine qu'il contient en quantité très considérable se coagulerait.

L'albumine coagulée ne pourrait plus être employée

[1] Afin d'éviter les périphrases, je donnerai simplement le nom de *masse* aux produits organiques ou non qui seront destinés à former la base des fumiers artificiels.

en arrosements, et le mode de fermentation qu'elle subirait ne serait plus le même.

Équivalents des matières propres à la confection des engrais.

XLI

Il ne suffit point de connaître les matières qui peuvent entrer dans la confection des engrais et les opérations qu'il convient de leur faire subir pour les rendre facilement assimilables; il faut encore savoir dans quelles proportions il convient de les employer.

Pour connaître les proportions, on pourrait se baser sur la composition du fumier dont l'analyse est connue; et quoique cette composition doive être variable, cette analyse n'est pas moins un excellent guide à suivre. Ou bien encore il peut paraître plus convenable de prendre pour point de départ, ou pour terme de comparaison, les quantités des diverses matières enlevées par une suite de récoltes représentant une rotation complète de quatre années.

Cependant, quand on compare les résultats donnés par chacune de ces méthodes, on demeure convaincu qu'il faut les faire intervenir simultanément.

La quantité de fumier que l'on introduit dans 1 hectare de terre est très variable, selon que l'on a plus ou moins de facilité pour s'en procurer; elle est de 30 à 50 mètres cubes.

Nous admettrons que le mètre cube de fumier pèse

750 kil., et que l'on en emploie les quantités 30, 40 et 50 mètres cubes.

Nous admettrons encore, qu'une récolte est en général de 5,000 kil. après avoir été desséchée à l'air, et de 4,000 kil. après avoir été desséchée à une température un peu supérieure à 100 degrés [1].

Quatre récoltes, une de blé, paille et fruit; une de trèfle, une de betterave et une d'avoine, paille et fruit, obtenues avec une même fumure, donnent les résultats suivants, exprimés en kilogrammes, auxquels on a comparé la composition du fumier, élevée aux quantités indiquées précédemment :

[1] Il convient de faire une exception pour la betterave et autres plantes à racines charnues, qui ne se dessèchent point à l'air; mais, desséchées complètement, elles donnent des résultats qui se rapprochent davantage de ceux des autres plantes.

Composition comparée des récoltes et du fumier dont elles proviennent.

	PRODUITS agricoles.	NOMBRES RONDS. FUMIER 1 mètre cube.	20 mètres cubes.	30 mètres cubes.	40 mètres cubes.	50 mètres cubes.
Poids total	20 000	750	15 000	22 500	30 000	37 500
Eau	4 000	600	12 000	18 000	24 000	30 000
Matière sèche	16 000	150	3 000	4 500	6 000	7 500
Matière minérale	800	50	1 000	1 500	2 000	2 500
Matière organique ou combustible	15 200	100	2 000	3 000	4 000	5 000
Carbone	8 000	52	1 040	1 560	2 080	2 600
Azote	200	4,2	84	126	168	210
Oxygène et hydrogène	6 200	44	880	1 320	1 760	2 200
Acide phosphorique	100	1,5	30	45	60	75
Acide sulfurique	13	1,0	20	30	40	50
Chlore	20	0,3	6	9	12	15
Chaux	100	4,5	90	135	180	225
Magnésie	45	2,0	40	60	80	100
Oxydes de fer et de manganèse	8	3,0	60	90	120	150
Potasse et soude	230	3,7	74	110	148	185
Potasse seule 3/5	138	2,2	44	67	89	110
Id. 4/5	184	3,0	59	89	118	148

L'acide carbonique des cendres qui n'a aucune signification relative à la constitution de ce tableau, l'acide silicique des récoltes et le résidu des cendres de fumier, non soluble dans les acides, n'y sont point compris. C'est ce qui fait que la somme des poids des éléments de ces cendres n'est pas égale au poids total de la matière minérale indiquée à la quatrième ligne.

Si l'on compare les résultats consignés dans le tableau précédent, il en ressort un enseignement du plus haut intérêt, et pour la physiologie agricole, et pour la connaissance que nous devons avoir des effets produits par le fumier employé comme engrais.

A. La *matière sèche* des récoltes est plus que double de celle que l'on introduit dans le sol par les plus fortes fumures. D'où l'on peut induire d'une manière positive que les produits agricoles n'ont pas tous leur origine dans le fumier; et l'on pourrait peut-être aller plus loin, en disant qu'ils n'ont pas tous leur origine dans le sol arable, et que, par conséquent, les plantes puisent quelque élément pondérable dans l'atmosphère.

La matière minérale des récoltes est inférieure en poids à celle qui est fournie même par 20 mètres cubes de fumier par hectare; mais en examinant la composition de cette matière, on trouve que le fumier contient une quantité considérable de produits qui ont à peine une valeur agricole : 33 kil. pour 1 mètre cube de fumier, 1,650 pour 50 mètres cubes.

B. La *matière organique* des récoltes est triple de celle contenue dans 50 mètres cubes de fumier, et l'on en conclut principalement que c'est sur elle que porte l'accroissement du poids des récoltes comparé à celui du fumier qui a servi à les produire.

C. Le poids du carbone des récoltes est huit fois plus grand que celui contenu dans 20 mètres cubes de fumier, et trois fois et un tiers plus grand que celui contenu dans 50 mètres cubes de ce produit.

Il faut conclure enfin que c'est le carbone qui produit

l'accroissement du poids des récoltes, et la conclusion à en tirer sera conforme avec celle de la physiologie végétale, telle qu'elle a été établie par Sennebier et de Saussure, qui ont démontré que l'acide carbonique de l'air intervient dans la formation des végétaux. Il n'est donc pas possible d'admettre que tout l'acide carbonique qui sert à leur accroissement vient du sol, et qu'il les traverse pendant la nuit comme de simples filtres, tandis qu'il est décomposé dans le jour sous l'influence de la lumière solaire.

Cependant, il faudrait bien se garder de conclure de ce fait que l'acide carbonique du sol est inutile à l'accroissement des végétaux. Il est probable, au contraire, qu'il joue un rôle considérable, tant au point de vue de l'action qu'il exerce sur les matières minérales, qu'à celui de la formation du bi-carbonate d'ammoniaque, qui est sans doute le produit principal qui sert pour faire la matière albuminoïde des végétaux.

La matière organique brûle dans le sol, et s'y trouve finalement transformée en acide carbonique, en eau et en ammoniaque.

Des expériences directes, entreprises par M. Boussingault, ont démontré qu'un sol fumé est intimement pénétré par de l'air qui contient de l'acide carbonique en quantité beaucoup plus considérable que l'air que nous respirons.

L'acide carbonique qui se produit dans le sol est beaucoup plus abondant que celui qui est nécessaire pour former le bicarbonate d'ammoniaque. Cela est facile à juger par le rapport du carbone à celui de l'azote contenu dans le fumier. Pour un équivalent chimique d'azote, il y en a vingt-neuf de carbone, tandis qu'il n'en faudrait que deux pour constituer le bicarbonate d'ammoniaque dont la formule fondamentale est $(CO_2)_2$ AH_4O, HO.

D. L'acide phosphorique des récoltes dépasse celui du fumier, même lorsqu'on en a employé 50 mètres cubes par hectare. Il est plus que double de celui fourni par 30 mètres cubes de fumier, et il l'emporte d'un tiers sur celui de 50 mètres cubes.

On peut conclure de ce fait, que le sol arable, dans la plupart des circonstances, peut fournir des phosphates aux végétaux; mais il faut aussi reconnaître qu'il y a une nécessité absolue d'en ajouter aux fumiers lorsque le sol n'en contient pas, comme en général celui qui repose immédiatement sur des roches primitives quartzeuses et feldspathiques. Il faut encore reconnaître qu'il est éminemment avantageux d'en ajouter au fumier pour l'enrichir, et qu'il est indispensable de les faire entrer dans les fumiers artificiels ou dans les composts qui doivent en tenir lieu.

E. L'acide sulfurique ou les sulfates qui en contiennent les éléments paraissent être en plus grande quantité dans le fumier que dans les récoltes. Il n'est donc pas indispensable d'en ajouter au fumier; cependant, il ne faudrait point se fonder sur ce fait pour repousser l'emploi du plâtre, dont l'expérience et la théorie ont démontré l'utilité dans la culture des légumineuses et des crucifères; car, indépendamment de la nature chimique des éléments qui le constituent, il exerce des réactions spéciales qui ont été l'objet d'études approfondies de la part de plusieurs savants, et notamment de M. Schattenmann et de M. Boussingault.

F. Le chlore du fumier, au moins d'après l'analyse dont nous disposons, est inférieur à celui des récoltes; il est donc convenable de lui en ajouter. On emploie le chlorure de sodium; mais ce sel est très soluble et peut être immédiatement consommé par les végétaux, à moins qu'ils ne le rendent au sol comme ils l'ont pris, et que les végétaux n'en contiennent que la quantité qui est en dissolution dans leur sève.

Pour éviter cet inconvénient, j'ai indiqué l'emploi de l'oxychlorure de fer, qui est un composé peu soluble dans l'eau, et le seul peut-être qui jouisse de cette propriété au point de vue agricole; car le chlorure de plomb, qui est peu soluble, le chlorure d'argent et le protochlorure de mercure, qui sont insolubles, ne peuvent en aucune manière être employés pour l'agriculture.

Les amendements généraux dont il a été question § XXXVII en contiennent.

G. La chaux des fumiers est égale ou dépasse celle des récoltes; cependant, il est convenable d'en ajouter au fumier; car, indépendamment de celle qui est assimilée par le végétal, elle doit jouer dans le sol arable un rôle dont l'importance est démontrée par l'effet favorable des amendements. Il convient d'ajouter que, si faible qu'en soit la quantité, les pierres calcaires contiennent généralement de la potasse qui leur apporte un élément de plus.

H. Le fumier parait contenir une quantité suffisante de magnésie; cependant, comme cette base peut manquer dans certains sols, ou ne s'y trouver qu'en très faible quantité, et que l'analyse d'une seule espèce de fumier est insuffisante pour démontrer qu'il en existe partout, on devra regarder comme indispensable d'en ajouter une quantité notable au fumier. La propriété que possède la magnésie de former des sels doubles avec la soude, l'ammoniaque et la potasse, lui permet probablement de jouer un rôle considérable dans les phénomènes qui s'accomplissent dans le sol arable. On peut l'ajouter au fumier à l'état de dolomie finement pulvérisée, ou préalablement calcinée, délitée par l'eau et recarbonatée par l'air, dans la crainte que la chaux qui l'accompagne ne chasse l'ammoniaque de ce produit.

I. Quoique l'oxyde de fer soit beaucoup plus abondant dans le fumier que dans les récoltes, il n'y a aucun inconvénient à en ajouter au fumier, au contraire. Il a été dit précédemment que le fer est indispensable à la production de la matière végétale, et il n'est pas nuisible aux végétaux lorsqu'il est employé à l'état d'hydrate d'oxyde ou à celui d'oxychlorure.

K. La potasse et la soude, quoique dosées l'une avec l'autre, ne permettent pas moins de juger que celles contenues dans les fumiers sont tout à fait insuffisantes vis-à-vis de celles enlevées par les récoltes. L'enlèvement successif de cet élément essentiel à la végétation, permet de comprendre l'épuisement des landes de Bretagne malgré l'emploi du noir de raffinerie et celui de la plupart des terres des colonies et du nouveau monde, où l'on a cultivé la canne à sucre sans désemparer. Ces produits doivent dans tous les cas être ajoutés au fumier, et par suite être introduits dans le sol; c'est par là seulement que ce dernier pourra recouvrer sa fertilité primitive.

Dans les analyses des cendres de divers végétaux, le rapport de la quantité de potasse à celle de la soude varie des 3/5mes aux 4/5mes au moins.

C'est pour cela que l'on a ajouté au tableau précédent : potasse seule 3/5 et 4/5. Quel que soit le rapport adopté, il est facile de voir que la potasse des récoltes l'emporte toujours sur celle du fumier.

En résumé :

Une grande partie du carbone des récoltes est puisé dans l'atmosphère.

L'azote des végétaux est sensiblement égal à celui du fumier, lorsque celui-ci atteint la quantité de 50 mètres cubes par hectare (1).

(1) Si tout l'azote des récoltes devait provenir des engrais ou du sol, on comprendrait difficilement comment ont pu se développer les premiers végétaux. Il est plus convenable d'admettre que l'azote de l'air peut intervenir dans la formation des plantes. On sait que, dans les orages, l'azote et l'oxygène s'unissent pour donner de l'acide hypo-azotique, qui se transforme instantanément en acide azotique par l'intervention d'une nouvelle quantité d'oxygène emprunté à l'air. Cet acide azotique forme des azotates avec les bases qu'il rencontre dans le sol. Le fer, en s'oxydant dans les temps primitifs, a dû donner naissance à de l'ammoniaque, et enfin en explique les bons effets produits par l'écobuage et en général par les argiles, en admettant qu'elles condensent les éléments de l'air dans leurs pores, et peuvent ainsi donner naissance à des produits azotés. Mais cette idée a besoin d'une sanction expérimentale pour être admise définitivement.

L'acide phosphorique, le chlore, la potasse et la soude sont en moindre quantité dans le fumier que dans les récoltes dont ils facilitent la production.

L'excès des récoltes sur les fumiers n'a rien qui doive étonner; car, à moins d'être absolument stérile, un sol donnerait toujours quelques produits sans engrais. Ces produits, dus aux éléments du sol, suffisent pour expliquer comment ceux des récoltes peuvent dépasser ceux qui sont confiés au sol par les engrais; mais ils donnent aussi la preuve évidente, non-seulement que les engrais sont indispensables pour avoir des récoltes rémunératrices, mais que le sol s'épuise incessamment, même lorsque l'on croit l'avoir suffisamment engraissé avec du fumier, que tous les agriculteurs regardent cependant comme un engrais complet et suffisant.

XLII

Il résulte des faits consignés dans le paragraphe précédent, qu'il est indispensable d'employer 50 mètres cubes de fumier par hectare, et qu'il faut, de plus, améliorer ce fumier en y introduisant des phosphates, même des sulfates et des produits qui contiennent du chlore, de la magnésie, de l'oxyde de fer, de la potasse et de la soude.

Si l'on employait moins de 50 mètres cubes de fumier par hectare, il faudrait faire usage de produits azotés.

Pour créer des engrais propres à remplacer le fumier, il est indispensable de se procurer une *base* contenant de la matière organique et, par suite, du carbone.

Si l'on ne peut se procurer cette base, il faut reconnaître que l'on se trouve dans une mauvaise condition pour faire de l'agriculture; seulement, en perdant du temps, on peut faire produire des engrais verts par les terres. Ces engrais, récoltés et mêlés aux autres matières que l'on possède, finissent par produire des engrais utilisables, ou bien il faut avoir recours aux composts à base minérale. Ces composts sont inférieurs aux engrais; cependant ils peuvent les remplacer dans la plupart des circonstances.

XLIII

Après avoir démontré l'indispensable nécessité d'enrichir les engrais et d'en créer de toutes pièces au besoin, il reste à faire connaître les proportions dans lesquelles devront être employées les matières dont on pourra disposer.

Le terme de comparaison sera puisé dans la quantité de matière qu'il convient d'employer pour fumer un hectare. Les nombres correspondant à l'hectare seront la moyenne de quatre récoltes formant une rotation complète.

Tous les nombres donnés seront rapportés à des substances aussi pures que l'on peut se les procurer, soit industriellement, soit dans le commerce; il en résulte que ces nombres seront toujours des *minima* ou seront plutôt trop faibles que trop forts. On pourra d'ailleurs les élever autant que l'on voudra, pourvu qu'ils conservent entre eux les rapports indiqués dans le tableau, puisque par leur emploi on peut doubler, tripler et même quintupler les récoltes. Il faut cependant reconnaître que ces résultats si considérables n'ont pu être obtenus qu'en employant les engrais par la méthode de l'irrigation, et qu'il est possible que l'eau qui a servi pour transporter les engrais, ajoutée au sol dans un moment où il en eût peut-être manqué, ait été pour quelque chose dans ces résultats.

Équivalents des matières premières propres à la confection et à l'amélioration des fumiers.

(Quantités exprimées en kilogrammes et convenant à un hectare de terre).

	NOMBRES RONDS.									
	Cabrone.	Azote.	Acide phosphorique	Acide sulfurique.	Chlore.	Chaux.	Magnésie.	Oxydes de fer et de manganèse.	Potasse.	Soude.
Substances supposées pures.....	2000	200	100	15	20	100	50	10	220	20
Apatite d'Estramadure	»	»	237	»	»	185	»	»	»	»
Apatite des Antilles............	»	»	264	»	»	184	»	»	»	»
Azotate d'ammoniaque	»	572	»	»	»	»	»	»	»	»
Azotate potassique.............	»	1444	»	»	»	»	»	»	472	»
Azotate sodique	»	1214	»	»	»	»	»	»	»	120
Bicarbonate d'ammoniaque	»	1128	»	»	»	»	»	»	»	»
Cendres de bois (vives).........	»	»	2362	1070	3666	292	1428	270	2444	833
Charrée (PO_5 = 0,05)..........	»	»	2000	*x*	»	*x*	*x*	*x*	»	»
Cendre brute de Varechs (KO=0,08)	»	»	*x*	*x*	*x*	»	*x*	»	2750	*x*
Chair desséchée ord. (azote 0,14).	»	1428	»	»	»	»	»	»	»	»
Chaux carbonatée (1)...........	»	»	»	»	»	178	»	»	»	»
Chlorure potassique............	»	»	»	»	42	»	»	»	423	»
Colombine (azote 0,08)..........	»	2500	*x*	»	»	»	»	»	»	»
Coprolithes (acide phosph. 0,18).	»	»	555	»	»	*x*	»	*x*	»	»
Dolomie.	»	»	»	»	»	328	230	»	»	»
Eaux du gaz (azote 0,005)	»	40000	»	»	»	»	»	»	»	»
Eaux-vannes (azote 0,005)..	»	40000	20000	»	»	»	»	»	»	»
Engrais de poisson (azote 0,07)...	»	2857	»	»	»	»	»	»	»	»
Epidermoïdes (2) (azote 0,14).....	»	1428	»	»	»	»	»	»	»	»
Farine avariée (azote 0,016)......	4000	12500	»	»	»	»	»	»	»	»

Guano des îles Baker et Jervis....	»	»	308	»	»	»	»	»	»	»
Guano du Pérou (azote 0,16, acide phosph. 0,12)................	»	1250	830	»	»	»	»	»	»	»
Gypse ou albâtre................	»	»	»	2030	»	324	»	»	»	»
Matières fécales humaines fraîches	»	9525	8333	»	»	»	»	»	»	»
Noir de raffin^rie^, humide (PO_5 0,126)	»	»	602	»	»	»	»	»	»	»
Os frais (azote 0,05, = Phq. 0,27)..	»	4000	370	»	»	1000(3)	»	»	»	»
Os dégétalinisés (PO_5 0,288)......	»	8714	347	»	»	»	»	»	»	»
Os calcinés (acide phosph. 0.38)..	»	»	263	»	»	»	»	»	»	»
Phosphate d'ammoniaque........	»	1314	127	»	»	»	»	»	»	»
Phosphate ammoniaco-magnésien contenant 12 équivalents d'eau.	»	3514	342	»	»	»	308	»	»	»
Phosphate ammoniaco-sodique...	»	2286	222	»	»	»	»	»	»	52
Phosphate potassique cristallisable (PO_5 KO 2HO)............	»	»	192	»	»	»	»	»	642	110
Phosphate sodique cristallisé.....	»	»	476	»	»	»	»	»	»	38
— desséché......	»	»	165	»	»	»	»	»	»	»
Poudrette......................	»	»	»	»	»	»	»	»	»	»
Poulaïte (Az 0,068 = PO_5 0,056).	»	2940	1785	»	»	»	»	»	»	»
Sang (azote 0,03)..............	»	6666	»	»	»	»	»	»	»	»
Sang de l'abattoir de Bordeaux, 0,020..........................	»	10000	»	»	»	»	»	»	»	»
Sang sec (azote 0,14)..........	»	1428	»	»	»	»	»	»	»	»
Sel marin et sel gemme (à 0,90).	»	»	»	»	36	»	»	»	»	110
Sulfate d'ammoniaque...........	»	943	»	22	»	»	»	»	»	»
Sulfate de potasse (pur).........	»	»	»	33	»	»	»	»	406	»
Sulfate de magnésie (pur).......	»	»	»	28	»	»	312	»	»	»
Sulfate de soude cristallisé (pur)..	»	»	»	60	»	»	»	»	»	104
— anhydre (pur)...	»	»	»	27	»	»	»	»	»	46

(1) Craie, marbre blanc, pierre à bâtir en général, coquilles, fossiles ou faluns.

(2) Poils, laines, corne, ongles, onglons, sabots de cheval et d'âne. Substances telles qu'elles sont dans le commerce. Les chiffons de laine sont souvent mélangés et leur titre s'abaisse jusqu'à 0,04.

(3) Chaux du carbonate contenu dans les os, non comprise celle du phosphate.

PO_5 indique l'acide phosphorique, et KO la potasse.

A. Toutes les substances dont les noms figurent dans le tableau précédent, contiennent exactement la même quantité du produit utilisable indiqué en tête de la colonne, sous le poids qui correspond à chacune d'elles. Par exemple, 1,428 kilogrammes de chair ou de sang desséchés, 6,666 kilogrammes de sang frais, 943 kilogrammes de sulfate d'ammoniaque et 572 kilogrammes d'azotate de cette base, contiennent non-seulement la même quantité d'azote, mais 200 kilogrammes pour chacune d'elles.

550 à 560 kilogrammes de coprolithes, 370 kilogrammes d'os frais, 263 kilogrammes d'os calcinés, 342 kilogrammes de phosphate ammoniaco-magnésien, contiennent chacun 100 kilogrammes d'acide phosphorique. Les quantités indiquées dans chaque colonne seraient parfaitement *équivalentes* si les matières qui leur correspondent remplissaient les mêmes fonctions dans le sol arable, si elles ne renfermaient pas d'autres produits utilisables qui pussent devenir quelquefois nuisibles lorsqu'on les emploie en quantité trop considérable ou qui pussent entrainer à faire une dépense inutile.

B. Lorsque l'on veut composer un engrais en employant plusieurs substances contenant le même élément agricole, il faut faire en sorte qu'ils complètent les uns par les autres la quantité de l'élément utilisable qu'ils renferment.

La moitié du nombre qui correspond à un produit peut être compensée par la moitié du nombre qui correspond à l'autre produit : 6,666 kilogrammes de sang frais divisés par 2 ou 3,333 kilogrammes, pourront être compensés par 625 kilogrammes de guano, dont le poids est donné par 1,250, divisé par 2; 2,222 kilogrammes de sang le seraient par 833 kilogrammes de guano du Pérou.

On peut ainsi mêler autant de produits qu'on le veut, en ayant soin de compléter le déficit qu'ils laissent lorsqu'ils sont en quantité insuffisante : la moitié, le tiers, le quart, le dixième d'un produit, sont complétés par la moitié, les deux tiers, les trois quarts et les neuf dixièmes d'un autre produit, et ainsi de suite. Si l'on prenait le cinquième de cinq produits différents, ces cinquièmes, réunis entre eux, reproduiraient la quantité équivalente tout entière.

C. Lorsqu'une seule substance contient deux ou un plus grand nombre de produits utilisables, il faut, autant que possible, faire en sorte que la substance qui a la plus grande valeur vénale ne dépasse point la limite indiquée, et que ce qui manque soit compensé par une autre substance.

L'équivalent du guano du Pérou est 1,250 pour l'azote et 830 pour l'acide phosphorique, soit 1,200 pour le premier corps et 800 pour le second. D'où l'on voit qu'en employant 1,200 kilogrammes de ce guano, on a une quantité d'acide phosphorique qui dépasse de moitié celle qui est utilisable. Il y aurait un avantage réel à n'employer que deux tiers d'équivalent de guano du Pérou, et à remplacer ce qui manquerait par un tiers d'équivalent de sang, ou de chair, ou de toute autre matière azotée dont le prix serait moins élevé que celui du guano.

D. En introduisant dans un engrais 943 kilogrammes de sulfate d'ammoniaque pour avoir 200 kilogrammes d'azote, on y introduit en même temps environ 42 fois plus d'acide sulfurique qu'il ne convient d'en mettre pour satisfaire aux besoins des plantes, à moins que l'engrais ne contienne beaucoup de matière calcaire et qu'il ne soit destiné à fertiliser le sol en vue d'y ensemencer des légumineuses ou des crucifères. Le sulfate d'ammoniaque, quoique très riche en azote, doit donc être employé en quantité très modérée.

Le phosphate ammoniaco-magnésien, qui renferme en lui trois éléments utilisables : le phosphore, l'azote et le magnésium, ne pourrait être employé comme unique principe azoté qu'à une dose fort élevée, 3,514 kilogrammes par hectare, et il introduirait dans le sol 10 fois plus d'acide phosphorique et 11 fois plus de magnésie qu'il n'en faut pour la production agricole. Il convient alors de n'employer ce sel que pour la magnésie ou l'acide phosphorique qu'il contient, et qui sont représentés par des équivalents qui ne diffèrent que fort peu l'un de l'autre. Il faudrait donc, si aucune autre substance ne fournissait d'acide phosphorique, en employer 342 à 350 kilogrammes par hectare, et compléter les neuf dixièmes d'équivalent d'azote qui manqueraient par l'emploi d'une autre substance azotée.

XLIV

C'est en tenant compte de toutes les indications contenues dans cet opuscule, qu'il est possible de formuler des engrais et de les préparer.

Il faut principalement avoir présents à l'esprit :

L'état de division des produits,
Leur plus ou moins de solubilité,
Leur altérabilité,
Leur quantité respective,
Leur action réciproque,
Et finalement leur prix ([1]).

Les formules d'engrais peuvent varier à l'infini; cependant, on peut proposer les suivantes comme des exemples ; les premières seront destinées à l'amélioration des fumiers.

Formules de mélanges destinés à l'amélioration des fumiers.

Tous les fumiers ne se ressemblent pas, et si pour en améliorer un il fallait le compléter, la première chose à faire serait d'en faire l'analyse. Il faudrait même analyser plusieurs échantillons prélevés dans différents points de sa masse, et prendre la moyenne des analyses. Cela étant impossible dans la grande majorité des cas, il devra paraître convenable de se baser sur les principes généraux qui ont été exposés dans cet opuscule.

On sait que ce qui manque au fumier est généralement de l'azote, de l'acide phosphorique, de la potasse et même de la magnésie.

([1]) Voir la partie économique

Ce serait une grande erreur de croire que des engrais très chers mettraient l'agriculteur en perte. La production peut être doublée, triplée, quintuplée, et elle peut le rémunérer. Il faut d'abord s'attacher à faire des engrais bien conçus et basés sur les équivalents agricoles.

C'est donc dans les produits qui contiennent ces éléments principaux du fumier, qu'il faudra chercher des agents améliorants, sans trop se préoccuper de les doser d'une manière précise. Ce qui sera introduit dans le sol ne sera jamais perdu. C'est dans cet ordre d'idées que les formules suivantes ont été établies.

On pourra remarquer que les sels ammoniacaux, qui lorsqu'ils sont employés seuls peuvent ne pas donner de grands résultats, sont fortement améliorants lorsqu'ils sont joints à des produits qui, comme le fumier, peuvent ajouter au sol tous les éléments étrangers aux produits ammoniacaux et réclamés par les plantes.

Formules pouvant être réalisées avec les éléments que l'on trouve facilement dans le commerce.

I

Guano du Pérou....................	100 parties.
Cendres non lavées................	100 —
Plâtre............................	20 —

Broyer les petites masses qui se trouvent dans le guano; mêler les trois produits ensemble en les répandant l'un sur l'autre en couches minces sur le sol; les relever, les passer au travers d'un tamis de fer à larges mailles.

Ajouter cet engrais sur le fumier, en le saupoudrant, soit dans la fosse, soit sur chaque voiture, à mesure qu'on l'extrait de la fosse; les matières qui forment cet *améliorant,* que l'on pardonne cette expression, n'ayant pas besoin de subir la fermentation.

II

Guano du Pérou....................	parties égales.
Amendement général..............	

Opérer comme pour le précédent.

III

Matières épidermoïdes..............	parties égales.
Amendement général..............	

Ce mélange doit être ajouté au fumier pour qu'il subisse l'influence de la fermentation.

IV

Sulfate d'ammoniaque......................	100
Chair desséchée ou sang desséché...........	150 [1]
Ou engrais de poisson......................	300
Os bouillis, ou apatite, ou coprolithes, pulvérisés finement............................	300
Potasse du commerce......................	100

Mêler.

Ce mélange devra être ajouté d'avance au fumier, et l'on aura soin que la répartition s'en fasse le mieux possible.

Lorsqu'il entrera en fermentation, il s'en dégagera des produits dont l'odeur est infecte; aussi conviendra-t-il de prendre les mesures indiquées (XIV. — F.) pour les empêcher de se répandre dans l'atmosphère.

Si l'engrais est immédiatement porté sur le sol avec le fumier, il conviendra de l'enterrer de suite pour les mêmes raisons, ainsi que pour éviter une perte de produits venant des exhalaisons et des animaux qui pourraient se nourrir de la chair ou du sang desséché.

V

Sulfate d'ammoniaque........................	100
Amendement général riche..................	400

VI

Amendement riche..........................	100
Ou amendement ordinaire....................	200

(1) Ou l'équivalent de sang liquide.

Seuls ajoutés au fumier, l'enrichissent fortement et le complètent s'il est suffisamment azoté.

La plupart des produits améliorants des deux mélanges suivants ne se trouvent point encore dans le commerce à un prix qui permette d'en faire des engrais; mais ils ne pourront manquer de s'y trouver dans un avenir très prochain.

VII

Phosphate d'ammoniaque...........	parties égales.
— de potasse..............	
— ammoniaco-magnésien...	

Dans ce mélange, l'acide phosphorique domine, et l'azote n'est qu'en faible proportion.

VIII

Bicarbonate d'ammoniaque..................	1,000
Phosphate de potasse.......................	200
Phosphate ammoniaco-magnésien...........	300
Sulfate de potasse..........................	200
Sel marin...................................	30

IX

Bicarbonate d'ammoniaque....................	200
Amendement général.........................	100

Mélanges destinés à remplacer le fumier.

Les mélanges suivants seront faits avec ce qui a déjà été désigné sous le nom de *Base d'engrais*, soit herbes vertes 5,000 kil., ou produits secs 4,000 kil. Ces produits sont la paille, la tourbe, la tannée, etc. (Voir XV.)

X

Base d'engrais..................... 4,000 à 5,000k
Guano du Pérou........................... 500
Amendement ordinaire..................... 500

Mêler le guano et l'amendement, en prenant les précautions indiquées précédemment. Déposer la base de l'engrais, par couches successives, dans la fosse à fumier; saupoudrer chaque couche avec le mélange pulvérulent, en faisant usage d'un tamis.

Il va sans dire que le mélange pulvérulent sera divisé d'avance en autant de parties égales que l'on devra former de couches ou de strates d'engrais.

Le tout sera arrosé avec de l'eau bouillante, si on le peut.

Les eaux les plus sales et les plus impures seront les meilleures, à moins qu'elles ne proviennent de certaines fabriques qui laissent des produits nuisibles aux plantes dans les eaux qu'elles perdent.

Si l'on diminue la quantité du guano, on pourra le remplacer par les produits azotés qui lui sont équivalents.

XI

Base d'engrais..................... 4,000 à 5,000k
Matières fécales humaines, délayées dans de l'urine humaine, si c'est possible.
Amendement général....................... 500

Faire le mélange en opérant comme il a été dit précédemment; arroser avec les matières fécales délayées dans des urines ou dans de l'eau.

Si l'on est à proximité d'une ville, il est facile de se procurer des matières fécales, et il ne faut jamais négliger de le faire, quand même on produirait beaucoup de fumier; les produits de l'exploitation en seraient augmentés d'une quantité très notable.

On devra ajouter au fumier, et à mesure que l'on pourra se

les procurer, toutes les matières signalées dans cet opuscule, dont il est inutile de renouveler ici la nomenclature.

Un agriculteur intelligent profite de tout ce qui est à sa portée et ne laisse rien perdre.

Les formules précédentes peuvent être modifiées à l'infini, et il est inutile de les multiplier davantage.

Formules pour faire quelques composts destinés à remplacer le fumier.

XII

Marne en poudre fine	1,000k [1]
Argile cuite en petits grains	1,000
Terre de marais	2,000
Amendement général	500
Guano du Pérou	500

Mêler les produits; porter immédiatement sur le champ, si on le désire. Ce compost peut être mêlé avec du fumier. Il porte 500 grammes de matières fertilisantes sur chaque mètre carré.

Si l'on possède du fumier, il vaut mieux le diviser pour en mettre un peu partout, plutôt que de l'employer dans un seul endroit.

Les produits formant la *masse* de l'engrais peuvent être substitués les uns aux autres; mais le mélange est préférable à l'une des matières, quelle qu'elle soit, qui servent à le former.

Ces produits peuvent d'ailleurs être portés dans le sol à telle dose que l'on voudra, sans qu'ils y soient jamais nuisibles. Cependant, il convient de faire une exception pour la terre de marais, qui ne devra être mise dans le sol qu'après avoir éprouvé la fermentation ordinaire des fumiers, parce qu'elle contient une multitude de graines, d'œufs et de larves d'insectes qu'il importe de faire périr.

[1] Ces matières, au lieu d'être pesées, peuvent être mesurées au volume, soit au mètre cube, soit à l'hectolitre. Il n'y a aucun inconvénient à ce que leurs proportions soient changées.

XIII

Masse minérale	4,000k
Amendement général	500

Arroser avec des matières fécales délayées dans l'eau, des urines humaines, ou des eaux-vannes.

XIV

Terre de marais, vase d'étang ou de rivière, boues des villes	5,000k
Engrais de poisson 2,857 kil., ou chair ou sang desséché, ou matières épidermoïdes	1,428
Amendement général n° 2	1,000

Arroser autant que possible avec des matières fertilisantes, dissoutes ou délayées dans l'eau.

Laisser fermenter ce mélange avant de l'employer.

XV

Ordures, et non boues des villes	5,000k
Amendement n° 2	1,000

Si l'on peut ajouter des matières azotées à ce mélange, il n'en sera que plus efficace.

XVI

Marne	500
Chaux carbonatée	500
Argile cuite	500
Terre de marais	500
Vase de rivière ou d'étang	500
Boues des villes	500
Ordures des villes	2,000
Chiffons de laine	500
Amendement n° 2	500

Mettre en tas par couches alternant avec les ordures des villes ;

laisser fermenter. Arroser s'il se peut avec de l'urine, des matières fécales délayées dans l'eau, des eaux vannes, ou avec des eaux du gaz.

L'amendement général n° 1 devra être employé toutes les fois que l'on voudra obtenir de prompts résultats.

L'amendement n° 2 sera plus persistant. La dose de ce dernier devra toujours être plus élevée que celle du premier.

Le fumier des villes sera traité comme celui des exploitations agricoles. S'il est en quantité insuffisante, on pourra l'augmenter par l'addition des mélanges dont les formules viennent d'être données.

III

PARTIE ÉCONOMIQUE

XLV

Pour terminer cet opuscule et compléter les renseignements qui s'y trouvent consignés, il conviendrait de pouvoir assigner un prix à chaque matière ou substance qui peut être employée; mais cela est absolument impossible, parce que ces prix varient selon les localités. Il sera facile à chaque agriculteur de se procurer les prix des matières qui seront à sa disposition.

En général, le prix des produits se compose du prix d'acquisition ou du prix d'extraction, quelquefois de celui de la fabrication, et toujours de celui du transport.

La vase des rivières et des étangs, la terre des marais, la marne, si ces matières peuvent être recueillies sans les acheter, ne coûteront que le prix d'extraction qui se résume en main-d'œuvre, et finalement du prix de transport.

Le prix de l'argile calcinée comprendra celui de l'extraction de cette matière, de la préparation des fosses, du combustible et du transport, s'il y a lieu.

XLVI.

Dans toutes les villes où les constructions sont en pierres calcaires, on perd des quantités considérables

de debris provenant de la taille de ces pierres. Ces débris, recueillis, calcinés seuls ou après avoir été préalablement mêlés avec de l'argile, pourront être utilisés, notamment dans les landes sablonneuses.

Les produits des démolitions, qui sont généralement employés pour faire de simples remblais, donneraient une valeur considérable aux landes, s'ils y étaient transportés; mais il importe qu'ils soient divisés avant d'être répartis dans le sol. Le moyen le moins dispendieux et le plus avantageux pour l'agriculture d'obtenir ce résultat, consiste à trier les pierres calcaires, à les calciner et à les déliter avec de l'eau.

La fabrication de briquettes faites avec ces poussières, des cendres et des matières argileuses employées pour leur donner de la consistance et les relier entre elles, donnerait, après calcination, un excellent produit.

Il est vraiment pénible de voir tant de matériaux utilisables perdus pour l'agriculture, lorsque leur emploi augmenterait les ressources et la richesse du pays.

Les plâtras des démolitions et les cendres fournies par la seule ville de Paris suffiraient pour enrichir des centaines de milliers d'hectares de terre.

Que penser des urines qui sont versées sur la voie publique et complétement perdues?

Lors de la réunion du Congrès scientifique qui a eu lieu à Bordeaux en 1862, j'ai indiqué les moyens qu'il conviendrait d'adopter pour utiliser ces produits. Cela se fait d'ailleurs en Angleterre; seulement, les procédés de clarification ne sont pas les mêmes que ceux que j'ai proposés.

Au lieu de répandre toutes les eaux des égouts sur le sol, ce qui exige une puissance mécanique considérable pour les élever à une hauteur suffisante, et une canalisation qui ne peut manquer d'être fort dispendieuse, il vaudrait mieux les recueillir dans des bassins et précipiter à l'état solide les principales matières qu'elles renferment par des eaux-mères des salines réunies à du phosphate, acide de chaux. La *précipitation serait rapide* et la décantation facile.

Les eaux pourraient d'ailleurs être clarifiées ultérieurement par du lait de chaux, dùt-on les décanter dans un autre bassin. L'excès de chaux pourrait être enlevé par l'acide carbonique.

Toutes les déjections produites dans une ville, si considérable qu'elle pût être, comme Paris, par exemple, fussent-elles mêlées avec les eaux des égouts, les moyens que je propose seraient suffisants pour en recueillir la partie essentielle, excepté la potasse et la soude.

Les eaux ainsi clarifiées pourraient, sans aucun inconvénient, être versées dans la Seine à Paris, la Gironde à Bordeaux, et en général dans les cours d'eau.

Le résidu formerait un amendement excellent qui aurait une valeur considérable pour l'agriculture, et dont le placement serait facile.

XLVII

Il ne faut pas craindre de trop enrichir les engrais, pourvu que l'opération se fasse dans des proportions telles qu'un élément ayant une valeur vénale considérable ne se trouve en excès vis à vis des autres éléments.

Des expériences faites en Angleterre sur une grande échelle ont démontré que la production adoptée comme type dans cet opuscule, 5,000 kilogrammes par hectare, *peut être quintuplée.* Il est vrai que ces résultats ont été obtenus par la méthode des irrigations, qui a l'avantage d'opérer une répartition exacte et parfaite des engrais, tandis que cela n'a lieu que d'une manière incomplète et fort irrégulière par l'emploi du fumier.

L'eau même peut intervenir utilement, puisqu'elle supplée en partie à la pluie, qui peut être insuffisante dans certaines saisons. Quoi qu'il en soit, la constance des résultats obtenus exige qu'ils soient attribués à la grande quantité des engrais employés.

Lorsque les engrais sont complets, lorsque leurs éléments sont en proportions convenables, lorsqu'ils sont dans de tels états de combinaison et d'agrégation qu'ils doivent être utilisés simultanément et à mesure des besoins des végétaux, il ne peut y avoir aucune crainte d'épuiser le sol, et l'on est certain d'augmenter les récoltes.

Il n'y a d'autre question à juger dans ce cas que celle qui doit résulter de la comparaison de leur prix de revient avec celui des produits qu'ils donnent.

La solution de cette question ne dépend plus que des règles les plus élémentaires de l'arithmétique, et l'on ne saurait trop engager les agriculteurs à tenir un registre exact de toutes les opérations qu'ils font. Cela est facile et n'exige qu'un simple travail préparatoire; il suffit de faire un tableau auquel il n'y a plus que quelques chiffres à ajouter pour le remplir à mesure des besoins.

Les colonnes de ce tableau, par de simples additions, permettent d'obtenir à chaque instant la connaissance de l'état de l'exploitation agricole.

XLVIII

Une des questions les plus importantes est celle de l'amendement du sol arable. En 1860, j'ai traité cette question d'une manière toute spéciale au point de vue des landes de Gascogne, dans le cours de chimie agricole dont je suis chargé près la Faculté des Sciences de Bordeaux, par le concours de LL. EE. les Ministres de l'Agriculture et de l'Instruction publique.

Je résumerai en peu de mots les résultats auxquels je suis parvenu.

Les landes de Gascogne ont un sous-sol imperméable, formé d'alios (1) ou d'argile, à une profondeur qui varie de la surface pour l'argile à 1 mètre, mais qui est en général à 30 centimètres pour l'alios. C'est là un des plus grands obstacles à la culture des landes. Ce sous-sol, qui est de formation moderne, ainsi que je l'ai établi (*Des Courants interstitiels du sol arable*. Bordeaux, Chaumas. 1852), retient les eaux supérieures, et empêche les eaux inférieures de remonter à la surface du sol.

Les landes sont quelquefois couvertes de nappes d'eau

(1) L'alios a toute l'apparence d'un grès ferrugineux manganésifère; mais il est simplement formé de sable aggloméré par de la matière organique. J'ai trouvé 0,00090 à 0,00164 d'azote dans cette roche de formation moderne.

qui sont généralement évaporées vers le mois d'août et qui font naître des fièvres intermittentes très fâcheuses pour les habitants du pays.

En perçant le sous-sol dans quelques endroits, on peut ou donner écoulement aux eaux supérieures qui s'infiltrent au dessous de ce sous-sol, ou permettre aux eaux inférieures de remonter à la surface pour l'arroser.

Pour remédier aux inconvénients qui résultent de l'existence de ce sous-sol, M. Ivoy a creusé une partie du sol pour relever l'autre, en formant ainsi des espèces de *billons* d'une grande dimension.

On a cherché depuis longtemps à obtenir l'écoulement des eaux à l'aide de nivellements et de fossés. M. Chambrelent a attiré l'attention sur cette méthode en la pratiquant sur une grande échelle, et elle a reçu le nom de *drainage superficiel* ou *à ciel ouvert*.

Le pin maritime, *Pinus pinaster* de Solander, venant facilement dans les landes de Gascogne et donnant d'abondants produits résineux, il a été reconnu qu'il présentait la culture la plus avantageuse pour ce pays. Cette idée s'est surtout accréditée pendant la guerre civile des États-Unis. Ce pays cessant de livrer des produits résineux au commerce, ceux des landes ont acquis une grande valeur, et la richesse de cette contrée s'en est accrue d'une manière vraiment considérable.

Mettant toutes ces conditions de côté, admettant qu'il s'agit de mettre en culture une lande non couverte d'arbres ou un simple pâtis, j'ai fait des calculs qui m'ont démontré que cette terre n'étant qu'à CENT FRANCS l'hectare, ne peut cependant revenir à moins de SIX CENTS FRANCS lorsqu'elle est mise en culture, et même à moins de MILLE FRANCS pour être en possession d'un sol vraiment productif.

Celui qui achète des landes pour les mettre en culture doit donc avoir devant lui un capital de six à dix fois plus considérable que celui du prix de la terre, s'il ne veut être exposé à une ruine certaine.

Les causes qui augmentent ainsi le prix de la terre sont faciles à établir en tenant compte des données suivantes :

Défrichement.
Amélioration du sol.
Construction de bâtiments.
Acquisition de bestiaux.
Acquisition de matériel agricole.
Fonds de roulement.

Les capitaux employés à l'amélioration du sol peuvent être considérables. Aussi, pour les diminuer autant que possible, et c'était là le but principal que je me proposais d'atteindre, *j'ai recommandé de l'améliorer, non en une seule fois, mais* SUCCESSIVEMENT.

En opérant ainsi, on n'est pas obligé de débourser une somme aussi considérable, et les récoltes que l'on obtient paient non seulement les dépenses faites, mais donnent même un bénéfice réel.

Pour atteindre ce but, il faut des engrais amendés. Le fumier ordinaire de la ferme, réuni à notre amendement général n° 2 et à un compost formé de calcaire, de marne et d'argile, peuvent donner la solution de ce problème.

XLIX

Plusieurs agronomes ont déterminé le prix de la plupart des éléments fertilisants contenus dans les engrais ou dans les matières propres à les préparer. Cette détermination est fort utile et permet de comparer les engrais entre eux. Cette comparaison résulte déjà des équivalents inscrits dans le tableau, p. 90 et 91; mais finalement, comme la valeur de toutes les matières commerciales et industrielles peut être représentée par une valeur monétaire dans laquelle toutes les autres viennent se résoudre, on obtient ainsi des moyens de comparaison faciles et tout à fait généraux.

A. La chair et le sang desséchés du commerce contenant chacun 14 centièmes d'azote, leur prix étant de 20 fr. les 100 kilogrammes, en reportant toute la valeur du produit sur l'azote, on trouve que 14 kilogrammes de ce corps coûtent 20 fr., ou que le kilogramme d'azote, pris dans ces produits, vaut 1 fr. 45 c.

L'aptite d'Estramadure contenant 0,345 d'acide phosphorique et coûtant 120 fr. les 1,000 kilogrammes, cela met le prix de cet acide à 0 fr. 35 c. le kilogramme. Les coprolithes pulvérisés valant 60 fr. les 1,000 kilogrammes et contenant environ 0,200 d'acide phosphorique, cela met le prix de cet acide à 0 fr. 30 c. le kilogramme.

J'ai trouvé dans une aptite de l'île Sobrero (Antilles), 0,376 d'acide phosphorique. A 12 fr. les 100 kilogrammes, cela porte cet acide à 0 fr. 32 le kilogramme.

Les soudes des varechs contiennent à l'état de combinaison une quantité de potassium qui correspond au maximum à 34 centièmes de potasse (oxyde de potassium). Mais cette quantité est souvent très inférieure, et on peut la réduire à 0,20. Elles valent environ 12 fr. 50 c. les 100 kilogrammes; cela met la potasse à 0 fr. 63 c. le kilogramme; dans le feldspath elle coûterait moins encore.

Dans le sulfate de potasse et dans le chlorure de potassium, supposés tous deux à 0,90 de pureté et valant chacun 25 fr. les 100 kilogrammes, la potasse vaudrait 0 fr. 51 c. dans le premier et 0 fr. 48 c. dans le second [1].

En résumant on a :

Azote.

		Prix moyens.
Dans la chair et le sang desséchés.......		1f 45 le kil.

Acide phosphorique anhydre.

Dans l'apatite d'Estramadure......	0,35	
— de l'île Sobrero......	0,32	0f 32 le kil.
Dans les coprolithes.............	0,30	

Potasse pure et anhydre.

Dans la soude de varech..........	0,63	
Dans le sulfate de potasse.........	0,51	0f 54 le kil.
Dans le chlorure de potassium.....	0,48	

Il est impossible aujourd'hui de fixer le prix de la

[1] Dans le calcul qui a donné ce résultat, on a tenu compte de la quantité de potasse KO, correspondant à celle du potassium K contenu dans la chlorure de ce métal.

magnésie; mais, dans un avenir très prochain, la dolomie, qui la contient en grande quantité, pourra être donnée à 30 fr. les 1,000 kilogrammes. Cette roche contenant environ 0,20 de magnésie (MaO) mettrait le prix de cette dernière à 0 fr. 15 c. le kilogramme.

B. Le sulfate d'ammoniaque contenant 21 kilogrammes d'azote sur 100 et valant 35 fr. les 100 kilog., on en conclut que l'azote de ce produit revient à 1 fr. 67 c. le kilogramme. Toutefois, le sulfate d'ammoniaque contient aussi les éléments de l'acide sulfurique, et il faut admettre que ce produit n'a aucune valeur pour fixer ainsi le prix de l'azote qu'il contient. Si l'on en accorde une à cet acide, si faible qu'elle soit, le prix de revient de l'azote en sera diminué.

Lorsqu'un produit a une composition plus compliquée, la fixation du prix de chacun de ses éléments fertilisants devient plus difficile. Par exemple, le phosphate ammoniaco-magnésien contenant comme produits utilisables de l'acide phosphorique, de l'azote et de la magnésie, connaissant les quantités de ces matières exprimées au centième et le prix du produit entier, il est impossible de fixer la valeur de chacune d'elles.

1,000 kilogrammes de phosphate ammoniaco-magnésien contiennent :

Acide phosphorique........................	293k
Azote....................................	57
Magnésie.................................	163
Eau......................................	439
Complément (hydrogène et oxygène)..........	48
	1,000k

Le prix de ce phosphate pourrait être établi d'une manière inverse avec le prix des éléments qu'il contient; d'où :

Acide phosphorique........	0f 33 × 293k =	96f 69
Azote.....................	1 45 × 57 =	82 65
Magnésie..................	0 15 × 163 =	24 45
		203f 79

Le phosphate ammoniaco-magnésien aurait donc, au plus bas prix, une valeur de 203 fr. 79 c. pour 1,000 kil.

Quoique celui qu'on livrera au commerce n'aura jamais la pureté de celui dont la composition vient d'être indiquée, il est peu probable que l'on puisse produire ce sel à un prix aussi peu élevé, parce qu'il ne peut être préparé qu'avec de l'acide phosphorique ou des phosphates solubles.

C. Quoique le prix du guano du Pérou soit assez élevé (il vaut aujourd'hui 310 fr. les 1,000 kilogrammes à Bordeaux), ce n'est pas moins un engrais qui offre de grands avantages, par suite de l'extrême division des produits qui le constituent et de la rapidité de leur action.

Depuis quelques années, les échantillons de guano du Pérou, que j'ai analysés comme vérificateur en chef des engrais de la Gironde, présentent une composition moyenne qui est d'environ 0,160 d'azote et 0,120 d'acide phosphorique. Ces nombres donnent les résultats suivants pour 1,000 kilogrammes :

Azote..................................	232f 00
Acide phosphorique......	39 60
	271f 60

Malgré ce désavantage apparent, le guano du Pérou mérite d'être employé; car si on cessait de le faire et si l'on cherchait à le remplacer par des engrais artificiels, le prix des produits azotés s'élèverait assez rapidement pour que le guano parût moins cher qu'aucun d'eux.

D. On a voulu connaître la valeur de l'azote dans le fumier; mais cette valeur ne peut être déterminée d'une manière satisfaisante. Si on la cherche directement, tous les autres produits sont censés n'avoir aucune valeur.

Si l'on veut tenir compte de tous les éléments qu'il renferme, la plupart des bases du calcul viennent à manquer.

Pour établir ce prix, il faudrait d'abord connaître le rapport du prix des éléments agricoles les uns à l'égard des autres, multiplier la quantité de chaque élément agricole par son prix, et en réduire ensuite le prix obtenu proportionnellement à celui du fumier. On trouverait ainsi que nul engrais ne peut être obtenu d'une manière aussi avantageuse. Cependant ce n'est point une raison pour renoncer à améliorer les fumiers et à en faire de toutes pièces quand les circonstances l'exigent.

Le fumier étant donné dans la ville de Bordeaux pour 5 fr. le mètre cube, le mètre cube de ce produit pesant 750 kilogrammes et contenant 0,006 d'azote, il en résulte qu'il y en a 4 kilog. 500 grammes dans cette quantité; d'où le kilogramme d'azote du fumier ne vaudrait que 1 fr. 11 c., sans compter la valeur des autres matières.

Le fumier de ferme a un prix plus élevé que celui de la ville de Bordeaux, soit 6 à 7 fr. le mètre cube; il en résulte que l'azote de ces fumiers vaut de 1 fr. 33 à 1 fr. 55 c. le kilogr.; mais ce prix varie avec chaque localité, et même d'un établissement à l'autre, par suite des différences de la composition des litières et de leur valeur.

Un mètre cube de fumier contenant 100 kilogrammes de matière organique et 50 kilogrammes de matière minérale aurait la valeur suivante, en faisant usage des nombre trouvés précédemment :

		Nombres ronds.	
Matière organique............	100k0	x	x
Azote.....................	4 5	à 1f 45	6f 25
Acide carbonique............	1 0	0 00	0 00
Acide phosphorique..........	1 5	0 33	0 50
Acide sulfurique.............	1 0	0 19 (1)	0 19
Chlore.....................	0 3	0 18 (2)	0 05
Chaux......................	4 5	0 02 (3)	0 09
Magnésie..................	2 0	0 15	0 30
Fer et manganèse oxydés.....	3 0	0 10 (4)	0 30
Potasse....................	2 2	0 54	1 19
Soude......................	1 5	0 35 (5)	0 53
Résidu.....................	33 0	0 00	0 00
			9f 40

La valeur du fumier représentée par celle des éléments qu'il contient atteint donc 9 fr. 40 c., non compris la

(1) Calculé d'après le prix du plâtre, en admettant que ce dernier contienne 0,10 de chaux carbonatée, et coûte le prix très élevé de 10 fr. les 100 kil.

(2) A 18 fr. les 100 kil. rendus sur place.

(3) A 20 fr. les 1,000 kil.

(4) Prix arbitraire de 10 c. le kilogramme, et devant varier selon les localités.

(5) Le chlorure de sodium ne se décomposant que sous des influences qui ne se réalisent pas toujours dans le sol, la soude a été censée tirée du sulfate de soude anhydre supposé valoir 15 fr. les 100 kil.

matière organique qui a aussi une valeur très notable et qui ne peut être moindre que 5 fr. 60 c., soit en tout 15 fr., et ce doit être là, à peu près, le prix du fumier artificiel.

On admet généralement que le fumier de ferme ne coûte que 6 à 7 fr. le mètre cube, et même les 1,000 kil. En adoptant cette manière de voir, le fumier serait l'engrais dont le prix serait le moins élevé, et, par suite, le plus rémunérateur.

En réalité, le prix du fumier n'est autre que celui de la litière, de la faible main-d'œuvre qu'exige sa confection et du transport dont il est l'objet pour le répandre sur les champs. Les déjections animales étant comptées pour rien; les produits tirés des animaux, travail, lait, laine, etc., etc., supportant tous les frais de leur logement et de leur entretien.

Dans la production des 100 kil. de matière organique contenue dans 1 mètre cube de fumier, il entre au moins les quatre cinquièmes de paille, soit 80 kil., représentant 16 bottes de ce produit, de 5 kil. chacune.

Il faut porter la valeur de chacune d'elles à 0,40, ce qui est un prix fort élevé, pour arriver à 6 fr. 40, que l'on peut considérer comme le prix moyen attribué au fumier.

A 0 fr. 25, le prix de la litière n'est plus que de 4 fr. pour produire 1 mètre cube de fumier. Il en résulte que celui qui le vend 5 fr. a celle de ses chevaux pour rien.

Le fumier est donc l'engrais le plus économique et celui qui coûte le moins de tous, puisque son prix réel est tout à fait inférieur à celui que l'on obtient en prenant pour base du calcul ceux des éléments fertilisants qu'il contient; cependant la proportion de ses éléments n'étant pas dans le rapport qui convient le mieux à la production agricole, et la quantité qu'en produisent les exploitations rurales étant souvent insuffisante, il y a toujours intérêt et avantage à l'améliorer et à l'augmenter.

E. Si l'on veut comparer le prix des engrais à celui des produits dont ils facilitent le développement, il ne faut point ne faire intervenir que le blé ; car, dans des circonstances peu favorables, on pourrait trouver que l'on est en perte; mais il faut le comparer à celui des produits donnés par une rotation complète.

La défaveur dont la culture du blé a été l'objet depuis quelques années tient évidemment à ce que l'agriculteur exploite un mauvais terrain, et à ce qu'il n'emploie pas des engrais convenables et en quantité suffisante.

Cependant, en opérant uniquement sur le blé, on va voir que cette culture n'est pas aussi désavantageuse que l'on veut bien le dire.

50 mètres cubes de fumier pour un hectare, qui représentent une fumure assez forte pour 4 années consécutives, donnent 12 mètres cubes et demi pour un an. 12,5 mètres cubes à 7 fr. l'un ne représentent qu'une dépense de 87 fr. 50 c. Avec une fumure pareille, il est facile d'obtenir 20 hectolitres de blé. L'hectolitre de ce produit ne valût-il que 20 fr., la récolte ne produirait pas moins de 400 fr. sans compter la valeur de la paille. On voit qu'il y a de la latitude, car il reste plus de 300 fr. pour payer le travail mécanique, la semence, entretenir les bâtiments, renouveler le matériel et les animaux

qui vieillissent ou qui meurent, et payer le fermage.

Le fumier amélioré, coutât-il 20 fr. le mètre cube, donnerait encore du bénéfice, puisqu'il ne coûterait que 250 fr. par année et par hectare, et qu'il donnerait un produit plus considérable.

La moyenne de la production du blé pour la France a été, dans les dernières années qui ont précédé 1835, de 12,35 hectolitres par hectare; mais il est impossible que cette moyenne ne soit pas plus élevée aujourd'hui, et il est certain qu'en employant une fumure convenable, on doit obtenir plus qu'une récolte moyenne. C'est ici le lieu de répéter que *l'agriculteur a jusqu'à ce jour attribué trop d'importance aux travaux mécaniques et pas assez aux engrais, qui sont la base fondamentale de l'agriculture.*

L

Si les engrais bien conçus et bien préparés sont la base la plus ferme sur laquelle repose l'agriculture, elle a encore une autre voie de prospérité : celle-ci se trouve dans les industries qui reposent immédiatement sur elle. Non que l'on puisse conseiller aux agriculteurs de se faire industriels, il en est beaucoup qui pourraient faire un triste apprentissage; mais il importe de favoriser le développement de ces sortes d'industries, en faisant des essais de culture et en présentant les produits obtenus à des industries déjà existantes. Dût-on porter ces produits assez loin, il n'est pas douteux qu'en un petit nombre d'années des établissements se fonderaient à une moindre distance. J'en ai fait l'expérience. Ayant remarqué que le sol de la grande plaine qui s'étend entre Marigny-lez-Compiègne et la *route de Flandres* était formé de sables supérieurs à la craie, exactement comme les terrains qui entourent Valenciennes, j'ai pensé que la betterave à sucre y viendrait facilement. En conséquence, j'ai engagé quelques agriculteurs à en faire l'essai, qui a parfaitement réussi, et aujourd'hui plusieurs sucreries se sont fondées dans cette localité.

Les industries agricoles donnent aux produits qu'elles emploient un écoulement considérable, facile, immédiat; mais, en outre, il est rare que ces industries ne puissent restituer à l'agriculture des matières propres à l'alimentation des bestiaux, ou au moins à faire des engrais. La fécule, l'alcool, le sucre, occupent le premier rang. Les fabriques de fécule abandonnent des *gâchis* qui, étant égouttés, pressés, salés, cuits et mêlés à d'autres aliments, peuvent servir à la nourriture des bestiaux. Sinon, on peut toujours en faire une base d'engrais.

Les fabriques d'alcool et de sucre de betteraves abandonnent des pulpes, qui sont aussi propres à la nourriture des bestiaux. Les fabriques de sucre donnent en outre des écumes de défécations propres à faire des engrais. Les fabriques d'alcool laissent des vinasses riches en potasse, qui sont propres à délayer des matières pour arroser les fumiers.

On a émis la pensée, mais à tort, que les cultures industrielles diminuaient la production des céréales; c'est là une erreur. Les plantes alimentaires et les plantes industrielles entrent les unes et les autres dans les *rotations*. Les pommes de terre et les betteraves permettent de sarcler le sol et de le nettoyer parfaitement. Les bénéfices, en culture, permettent de se procurer des engrais plus abondants, et la richesse de l'agriculteur s'accroît en même temps que celle du sol qu'il cultive.

Le rôle de l'azote des engrais, et par suite celui du sol, n'est pas encore complètement connu. On ne peut nier l'utilité de cet élément en agriculture; cependant, le sable des dunes d'Arcachon, dans le département de la Gironde, n'en contient qu'une très faible quantité, et certaines plantes y croissent avec une énergie remarquable. Indépendamment du pin maritime, du chêne et de l'arbousier qui s'y propagent avec facilité, la plante laque ou le teinturier, *Phytolacca decandra* de Linnée, et le *datùra stramonium* du même auteur, y croissent, y fleurissent et y fructifient d'une manière tout à fait exceptionnelle. Le genêt, qui croît spécialement dans les terres calcaires, y vient spontanément et avec facilité.

Le ricin, *ricinus communis,* y vient très bien et y fructifie; ses feuilles prennent un beau développement et sont d'un vert très foncé.

Les acacias *(Robinia)* y viennent aussi très bien.

L'*yucca* du Pérou y prend un développement extraordinaire, et fleurit parfaitement à la fin du mois de septembre [1].

[1] Je dirai en passant qu'on voit avec étonnement que la matière colorante du *Phytolacca* ne soit pas employée en teinture; elle est riche et abondante. Cette plante pourrait être cultivée avec le plus grand succès. J'ai entrepris des expériences sur la matière colorante de ses fruits, mais je ne les ai pas ter-

On peut donc admettre que certaines plantes peuvent croître et donner des produits très abondants, sans que le sol contienne de la matière organique carbonée ou azotée d'une manière notable.

Il faut évidemment que des plantes puissent croître dans cette condition, pour que les premiers végétaux aient pu apparaître à la surface du globe.

Toutefois, la grande perméabilité des sables des dunes permet aux courants interstitiels qui y fonctionnent incessamment d'apporter aux radicules des plantes les matières organiques que la mer y a laissées, et cette matière, en si petite quantité qu'elle soit relativement aux masses de sable qui forment les dunes, peut encore être très considérable et suffisante pour alimenter des végétaux pendant plusieurs siècles.

minées. Jusqu'à présent, dit-on, on ne s'est servi de la couleur donnée par cette plante que pour les fleurs artificielles. Un industriel a eu aussi l'idée de l'employer pour *colorer le vin,* et a envoyé ses produits à la dernière Exposition de la Société Philomathique de Bordeaux. Les oiseaux mangeant ces fruits ou leurs graines avec une certaine avidité, il en résulte qu'ils ne sont point vénéneux; mais l'emploi de sa matière colorante pour donner de la couleur au vin est une fraude déplorable.

J'ajouterai que les feuilles de l'*Yucca* contiennent une fibre très fine, très régulière, *d'une* TÉNACITÉ *qui n'a peut-être pas son égale parmi les autres fibres végétales,* et peut-être que cette plante pourrait donner des résultats agricoles et industriels satisfaisants. Je dis *peut-être,* parce qu'elle est persistante et croît lentement; mais cultivée dans des terres de peu de valeur, elle pourrait encore offrir des avantages : *c'est un essai à tenter.*

IV

DOCUMENTS

PAR ORDRE ALPHABÉTIQUE

Les documents qui suivent sont des pièces à consulter pour avoir des renseignements sur les matières premières qui servent à produire les engrais.

Vérificateur en chef des engrais et du département de la Gironde, ma position m'a donné l'occasion de faire un grand nombre d'analyses de ces matières. Je réunis ici les plus importantes avec la plupart de celles qui ont été publiées par d'autres que moi.

Les personnes qui voudront avoir plus de renseignements et qui n'ont point à leur disposition une bibliothèque scientifique, pourront consulter avantageusement le *Dictionnaire des analyses chimiques* de MM. Violette et Archambault, l'*Économie rurale* de M. Boussingault, et le *Guide de la fabrication économique des engrais*, par M. L. Rohart, qui sont remplis de renseignements précieux.

La composition des corps a été représentée en fractions décimales et en millièmes de l'unité. 100 parties sont insuffisantes pour avoir une composition irréprochable, et il est tout à fait inutile de dépasser mille, surtout pour des produits qui se présentent rarement dans des états comparables de pureté.

L'unité, suivie de trois zéros, peut, au besoin, être prise pour 1,000 unités concrètes, soit pour 1,000 kilogrammes.

La composition des produits *définis* a été représentée en équivalents, l'hydrogène étant l'unité. Exprimée ainsi, elle est plus simple, plus précise, et dans tous les composés, quels qu'ils soient, les mêmes éléments sont représentés par le même poids, ce qui les rend tous comparables entre eux.

Le poids d'un volume de l'engrais ou sa densité apparente suffit quelquefois pour en reconnaître la pureté. Pour cela, on donne le poids d'un décilitre qui offre l'avantage d'être le millième de l'hectolitre, et comme le gramme est aussi la millième partie du kilogramme, il n'y a qu'à transformer en kilogrammes les grammes exprimant le poids du décilitre pour avoir le poids d'un hectolitre.

Par exemple, un décilitre de guano du Pérou pesant 70 gr. 250, on peut en conclure que l'hectolitre de ce guano pèse 70 kilog. 250 grammes.

Le guano, mêlé avec du sable de la même couleur, pèserait beaucoup plus.

Ammoniaque.

L'ammoniaque est un gaz incolore, qui possède une odeur très vive et très pénétrante d'urine putréfiée. Dissoute dans l'eau, elle forme l'*ammoniaque liquide* ou l'*alcali volatil*.

Les sels ammoniacaux, excepté le sesqui-carbonate des

pharmacies, sont inodores. Mêlés avec un peu de chaux vive pulvérisée ou hydratée, l'ammoniaque est mise en liberté et se fait reconnaître à son odeur.

L'ammoniaque contient exactement 14/17es d'azote, soit 0,823.

Les principaux sels ammoniacaux que l'on peut employer en agriculture ou en horticulture, sont l'azotate, le bicarbonate, le phosphate, le sulfate et même l'hydrochlorate ou chlorure ammoniaque ou sel ammoniac ordinaire.

Jusqu'à ce jour, le sulfate d'ammoniaque est le seul qui ait servi pour faire des essais sur une certaine échelle.

Le bicarbonate fabriqué par le procédé que j'ai indiqué peut le remplacer très avantageusement.

La composition des principaux sels ammoniacaux, supposés purs, peut être représentée ainsi qu'il suit :

Azotate d'ammoniaque.

Acide azotique anhydre	54
Ammoniaque	17
Eau	9
	80

D'où azote..	de l'acide	14
	de l'ammoniaque	14
		28

Bicarbonate d'ammoniaque.

Acide carbonique	44
Ammoniaque	17
Eau	18
	79

D'où azote 14

Phosphate d'ammoniaque.

Acide phosphorique	72
Ammoniaque	17
Eau	18
	107

D'où azote 14

Sulfate d'ammoniaque.

Acide sulfurique anhydre	40
Ammoniaque	17
Eau	9
	66

D'où azote 14

Chlorhydrate d'ammoniaque.

Acide chlorhydrique	37
Ammoniaque	17
	54

D'où azote 14

(Voyez *Azote* et *Eaux du gaz de l'éclairage.*)

ALBUMINOÏDES.

Les matières albuminoïdes sont analogues au blanc de l'œuf, dont elles tirent leur nom. Il en existe dans tous les végétaux et sous différentes formes : tantôt liquides, comme dans la sève, tantôt solides, comme le gluten de la farine de froment. Le sang et la chair musculaire en sont presque entièrement formés.

Le tableau suivant donne la composition *ultime* de la plupart des matières albuminoïdes.

	ALBUMINE.	CASÉINE.	FIBRINE.	CHAIR musculaire.	SANG.
Carbone	0,535	0,535	0,527	0,525	0,543
Hydrogène	0,072	0,070	0,070	0,070	0,075
Oxygène	0,236	0,237	0,237	0,252	0,202
Azote	0,157	0,158	0,166	0,153	0,180

(Voyez *Chair de cheval* et *Sang.*)

Apatite.

L'apatite est une substance minérale essentiellement formée de phosphate tricalcaire tout-à-fait comparable à celui des os.

On en a trouvé en filon dans les environs de Trujillo, en Estramadure (Espagne).

Dans cette apatite, pour 3 équivalents de phosphate calcaire, il y en a un de fluorure calcique. Quelquefois le fluor est en partie remplacé par du chlore.

Elle est compacte, d'un blanc jaunâtre, et plus dure que le marbre, qu'elle peut rayer.

Elle se dissout sans effervescence dans l'acide azotique étendu d'eau, et donne, par l'ammoniaque, un abondant précipité blanc de phosphate tricalcaire. Le précipité recueilli sur un filtre, lavé et desseché, *ne brunit pas lorsqu'on le chauffe au rouge sombre.*

Un échantillon de cette localité m'a donné :

Phosphate tri-calcaire	0,915
Fluorure calcique	0,083
Résidus siliceux	0,002
	1,000

0,915 de phosphate tricalcaire représentent 0,422 d'acide phosphorique.

Pelletier et Donadel ont trouvé dans l'apatite d'Estramadure :

Acide phosphorique	0,345
Chaux	0,590
Acide fluorique	0,020

Depuis un petit nombre d'années, on a découvert des

gisements considérables d'apatite dans les Antilles. Cette substance diffère de celle de l'Estramadure en ce qu'elle contient des fossiles, ou du moins en ce qu'elle s'est moulée dans des coquilles fossiles, ce qui indique une origine géologique tout-à-fait différente de celle de l'Estramadure ; car, si l'on trouvait des fossiles dans le produit d'un filon, il faudrait reconnaître ou que les notions que l'on a sur l'origine des filons sont inexactes, ou qu'il a existé des êtres vivants à une époque antérieure à la formation des terrains dits primitifs. Opinion qui, d'ailleurs, pourrait être soutenue par suite de faits qui sont à ma connaissance.

Un échantillon qui m'a été déclaré venir de l'île Sobrero a présenté la composition suivante :

Phosphate tri-calcaire........................	0,815
Carbonate calcaire...........................	0,185
	1,000

0,815 de phosphate tricalcaire représentent 0,376 d'acide phosphorique.

Cette apatite ne contient ni fluor, ni chlore, ni aucun chloroïde. Dans certains échantillons, on voit que le carbonate calcaire existe tout-à-fait séparé du phosphate.

(Voyez *Phosphates, Coprolithes* et *Os.*)

Azotates ou Nitrates.

Les azotates de potasse (salpêtre ou nitre), de soude et d'ammoniaque, sont les seuls qui peuvent être de quelque utilité à l'agriculture ; encore leur prix est-il trop élevé pour qu'il en soit ainsi. Ce ne sera que lorsque l'on aura réussi à faire de bonnes nitrières artificielles que ce résultat pourra être obtenu.

Les azotates sont en général solubles dans l'eau. Ceux de potasse et de soude projetés sur des charbons ardents en activent la combustion avec *fusement*. L'azotate d'ammoniaque donne une flamme et disparaît complètement.

Mêlés avec de l'acide sulfurique, ils donnent des vapeurs blanches, sans effervescence ou bouillonnement. Si l'on ajoute de la limaille de cuivre au mélange, les vapeurs deviennent rouges.

Azotate d'ammoniaque.

Chauffé dans une cuillère, il disparaît complètement; si l'on y ajoute de la chaux vive il donne de l'ammoniaque. (Voyez *ammoniaque*, p. 124.)

Azotate de potasse.

Indépendamment des caractères propres à tous les azotates, ce sel en dissolution concentrée donne un précipité cristallin par l'addition d'une dissolution également concentrée d'acide tartrique.

Sa composition peut être représentée de la manière suivante lorsqu'il est pur :

Acide azotique anhydre	54
Potasse	47
	101

Azote.................. 14/101es

Azotate de soude.

Lorsque l'on chauffe ce sel, il laisse un résidu fixe. Sa dissolution ne donne pas de précipité cristallin par l'acide tartrique, même par l'addition de l'alcool.

Pur, il a la composition suivante :

Acide azotique anhydre	54
Soude	31
	85

Azote 14/85es

L'azotate de soude est un produit naturel qui vient principalement du Chili. Celui du commerce est toujours impur : il contient de l'humidité, du sel marin, du sulfate de soude et quelques matières insolubles dans l'eau. Le titre de ceux que j'ai eu l'occasion d'analyser a varié de 0,893 à 0,955.

Azote.

L'azote libre est à l'état gazeux; il existe dans l'atmosphère dont il représente environ les 0,79, en volume. Il est inutile de répéter ici ce qui a été dit XIII, XIV, XXXIX, C.

Le tableau suivant donne les quantités d'azote contenues dans des matières dont la composition est généralement définie, et qui peuvent, directement ou indirectement, entrer dans la confection des engrais [1].

Acide hippurique	0,078
Azotate de potasse	0,138
Chair de cheval desséchée	0,142
Sang desséché	0,155
Matières épidermoïdes : laine, cheveux, poils divers, corne, onglons, sabots (maximum)	0,157
Azotate de soude	0,164
Gélatine sèche (maximum)	0,187
Cyanoferrure de potassium	0,170
Matières albuminoïdes : protéine, albumine, fibrine	0,160
Chiffons de laine	0,040 à 0,140

[1] La plupart de ces matières sont censées à l'état de dessication complète et de pureté parfaite. Il s'en faut de beaucoup que les produits du commerce atteignent cette quantité d'azote, qui est la plus élevée possible.

Sulfate d'ammoniaque pur	0,212
Sesqui carbonate d'ammoniaque	0,228
Hydrochlorate d'ammoniaque	0,259
Acide urique	0,333
Urée	0,464

(Voyez *Albuminoïdes, Epidermoïdes, Ammoniaque, Azotates*).

Cendres de Bois.

Les bois fournissent des cendres en quantités variables.

La moyenne de 34 analyses a été de 0,184.

La composition des cendres de bois varie aussi selon la nature de ces derniers.

La moyenne de 18 analyses a donné les résultats suivants :

Partie soluble dans l'eau		0,180
Acide carbonique	0,043	
Acide sulfurique	0,014	
Chlore	0,006	
Potase	0,099	
Soude	0,024	
Silice	0,003	
Partie insoluble dans l'eau		0,820
Acide carbonique	0,276	
Acide phosphorique	0,038	
Silice	0,039	
Chaux	0,342	
Magnésie	0,035	
Fer oxydé (Fe_2O_3)	0,003	
Manganèse oxydée (Mn_3O_4)	0,034	
Perte [1]	0,054	
	1,000	1,000

[1] Cette analyse indique une perte de 5 p. 0/0. Cette perte sera encore plus grande pour des cendres ordinaires, qui contiennent toujours du bois incomplètement brûlé, du charbon, de l'argile, et des pierres provenant des foyers, et même de l'humidité. Pour apprécier une cendre, lorsque l'on est certain qu'elle n'a été l'objet d'aucun mélange frauduleux, il faut en peser une certaine quantité, la tamiser, peser le produit qui reste sur le tamis et le défalquer de la quantité totale.

Dans la partie soluble, l'acide carbonique est combiné à la potasse; dans la partie insoluble, il est principalement combiné à la chaux.

Les cendres des herbes contiennent généralement une quantité de soude relativement moins grande que celle de la potasse; elle peut n'en être que le vingtième.

Les herbes, le fumier et surtout les graines nutritives, contiennent relativement plus de magnésie.

Il sera facile d'apprécier ces différences en comparant cette analyse de cendres de bois avec celle des 4 récoltes formant une rotation.

La cendre de bois n'est donc point équivalente de celle des plantes alimentaires; mais tous les produits qu'elles renferment sont utilisables.

Cendres de Varechs.

Les varechs sont des plantes que la mer rejette sur ses côtes. Ils sont employés directement par les agriculteurs, qui le répandent sur le sol comme le fumier. On en brûle une certaine quantité pour en recueillir les cendres. Ces cendres, par le lessivage, donnent ce que l'on a nommé soude de varechs et que l'on nomme aujourd'hui sels de varechs pour les distinguer de la soude, parce que Gay-Lahac a reconnu que ces prétendues soudes contenaient plus de potasse que de cette dernière base.

Les cendres de varechs, comme les autres cendres de végétaux, sont formées d'une partie soluble dans l'eau et d'une partie insoluble.

La partie insoluble n'a qu'une valeur insignifiante. La partie soluble contient généralement peu de carbonate; mais on y trouve toujours du sulfate de potasse, du chlorure de potassium, et les mêmes sels à base de sodium.

Le sulfate de potasse a varié de 0,128 à 0,146; le chlorure de potassium de 0,000 à 0,068.

Composition d'une cendre de varechs.

Partie soluble..............		33,745
Sulfate de potasse................	0,128 25	
Chlorure de potassium............	0,034 87	
Carbonate de soude et sulfure de sodium	0,000 53	
Chlorure de sodium...............	0,173 80	
Partie insoluble............		66,255
Carbonate de chaux et soude combinée à de la silice.............	0,291 52	
Silice et matière insoluble.........	0,371 03	
Alumine, magnésie et acide phosphorique......................	traces.	

Chair de cheval desséchée.

La chair pure, desséchée autant que possible, peut contenir 0,153 d'azote. Celle du commerce, fut-elle pure, est toujours humide. Je n'en ai pas rencontré contenant plus de 0,140 d'azote.

La chair de cheval pure étant brûlée complètement, ne doit laisser qu'un faible résidu. Celle qui est impure peut en laisser un d'autant plus abondant qu'elle est en plus petite quantité.

Chair de cheval de l'abattoir de Parempuyre.

Humidité....................................	0,050
Azote..	0,093
Complément organique.........................	0,784
Matière minérale..............................	0,073
	1,000

Charrée.

On donne ce nom aux cendres de bois qui ont été lessivées et qui, par conséquent, ont perdu les sels solubles qu'elles contenaient. (Voyez *Cendre.*)

Les charrées sont souvent impures, elles sont mêlées avec du charbon, des morceaux de bois incomplètement brûlés, des débris des foyers, de l'argile cuite, etc.

Le produit principal qu'elles contiennent est de l'acide phosphorique qui est uni à la chaux, à de l'oxyde de fer et à de l'oxyde de manganèse. Le reste est du carbonate de chaux, du carbonate de magnésie et de la silice.

Dans ces cendres, supposées sèches, l'acide phosphorique varie de 1 à 18 centièmes. La moyenne de cet acide est d'environ 5 centièmes, soit 0,050.

Chaux carbonatée.

La chaux carbonatée est blanche lorsqu'elle est pure. Elle fait effervescence avec les acides, même avec le vinaigre, si elle n'est point trop compacte. On réussit toujours en la broyant finement. Elle se dissout complètement dans les acides chlorhydrique et azotique étendus d'eau ; l'ammoniaque n'y fait naitre aucun précipité ; mais l'acide oxalique, ajouté après l'ammoniaque, fait naître un abondant précipité d'oxalate de chaux

La pierre à bâtir ou le calcaire grossier des terrains tertiaires, la craie, les différentes espèces de marbre, sont de la chaux carbonatée plus ou moins pure.

Les résidus de la taille des pierres à bâtir, qui sont généralement perdus, pourraient être un élément de fertilité pour des sols dépourvus de calcaire.

Pour que la chaux carbonatée produise un effet utile, il faut qu'elle soit réduite en poudre très fine.

Par l'action d'une température élevée, le carbonate de chaux perd l'acide carbonique qu'il contient et se trouve transformé en chaux vive. Cette chaux, délitée par l'eau, est beaucoup plus divisée que ne pourrait le faire aucune action mécanique, et ainsi préparée, elle agit beaucoup plus promptement que la chaux carbonatée.

La chaux vive ou la chaux hydratée, ou délitée par l'eau, ne doit point être ajoutée à du fumier, ni à aucun sel ammoniacal, parce qu'elle en chasserait l'ammoniaque; ce qui occasionnerait une grande perte.

La chaux délitée étendue en couche mince sur le sol, absorbe l'acide carbonique de l'air et se reconstitue à l'état de carbonate, qui, comme cela a été dit, est plus divisé que celui qui aurait été soumis à un pulvérisateur quelconque.

La chaux carbonatée en poudre, mêlée avec environ 12 pour cent de charbon ou de houille et un peu d'argile et d'eau, donne une pâte qui, étant desséchée à l'air, forme de petites masses, lesquelles étant soumises à l'action de la chaleur, donnent de la chaux vive à une température beaucoup moins élevée que la chaux carbonatée employée seule.

Colombine.

La colombine est la fiente du pigeon. Elle contient environ 0,080 d'azote. On n'y a point accusé la présence de l'acide phosphorique; mais le pigeon étant essentiellement granivore, il est certain qu'elle en contient une quantité notable.

Les pigeonniers sont très rares dans le département de la Gironde, sans quoi je n'aurais pas manqué de combler cette lacune.

Un pigeon produit huit à neuf litres de colombine en un an. Pour donner à un hectare de terre tout l'azote qu'il convient d'y introduire dans ce même espace de temps, il faudrait 625 kil. de colombine, qui serait produite par 72 pigeons. La contre-partie des avantages que peut procurer la colombine est que 72 pigeons mangent l'équivalent du produit d'un hectare de terre.

Cette opinion peut être vérifiée par le calcul. Si l'on admet qu'un hectare de terre produit 15 hectolitres de blé, cela ne fait que 21 litres par pigeon et par an, ou 57 millilitres ou centimètres cubes par jour, ce qui ne peut être éloigné de la vérité.

Coprolithes.

Les géologues nomment coprolithes les excréments fossiles. Les produits qui portent ce nom, et qui se trouvent aujourd'hui en grande abondance à la disposition des agriculteurs, n'ont pas d'autre origine. C'est à M. de Molon et à la persistance qu'il a mise dans ses recherches qu'on les doit.

Les coprolithes sont riches en acide phosphorique, et leur découverte est un immense bienfait pour l'humanité.

On admet qu'elles contiennent généralement jusqu'à cinquante et même soixante centièmes de phosphate tricalcaire. Je n'y ai jamais trouvé plus de 40 centièmes, et encore n'était-ce point du phosphate tricalcaire, mais un mélange de ce composé avec du phosphate de fer.

Les coprolithes finement pulvérisées sont attaquées par l'acide azotique dilué, bouillant. La dissolution, filtrée et saturée par l'ammoniaque jusqu'au point où elle commence à précipiter d'une manière permanente, donne un précipité par une dissolution d'acétate de soude, si elle contient du phosphate de fer.

La dissolution donne, par l'ammoniaque, un précipité blanc que l'on ne peut distinguer du phosphate de chaux par son simple aspect ; ce précipité, recueilli sur un filtre, lavé, desséché, reste encore blanc ; mais si on le chauffe au rouge sombre, il devient brun, presque noir, et c'est une preuve de l'existence du phosphate de fer.

Quoiqu'il en soit, on a d'abord affirmé, sans en être certain, que ce produit étant introduit dans le sol y demeurait inerte ; mais aujourd'hui la preuve du contraire est acquise. Lorsqu'il est finement pulvérisé, il y est attaqué, comme le fluorure calcique, comme le verre, et il est utilisé par les plantes ; mais il est préférable de l'introduire dans les fumiers ; alors il y subit des métamorphoses : il se transforme en grande partie en phosphates solubles et produit des effets plus rapides.

On peut admettre que les coprolithes contiennent en général 0,180 à 0,200 d'acide phosphorique.

Épidermoïdes.

J'ai réuni sous ce nom tous les appendices extérieurs des animaux vertébrés, tels que poils divers, laine, écailles, cornes, ongles, onglons et sabots.

Ces matières sont fortement azotées (environ 0,180), mais ne se décomposent que fort lentement dans le sol.

Seules, elles ne peuvent constituer un engrais ; mais elles sont très convenables pour en fabriquer ou pour enrichir les fumiers.

Les râpures et les résidus de corne sont employés principalement pour les orangers, et produisent cependant des effets sensibles ; mais elles épuisent le sol lorsqu'on n'y ajoute pas d'autres matières.

Excréments.

Les excréments des animaux forment une des parties les plus essentielles des fumiers.

Les excréments de l'homme sont beaucoup plus riches en matières fertilisantes que ceux des herbivores. (Voyez *Poudrette*).

Excréments de l'homme

Par A. Baudrimont.

	Humides.	Secs.
Humidité	0,704	»
Azote	0,021	0,070
Complément organique	0,229	0,775
Acide phosphorique	0,012	0,040
Résidu insoluble	0,004	0,013
Complément minéral	0,030	0,102
	1,000	1,000

Excréments du cheval.

Analyse ultime par MM. Macaire et Marcet.

	Secs.	Humides.
Carbone	38,6	9,19
Hydrogène	5,0	1,20
Oxygène	36,4	8,66
Azote	2,7	0,65
Sels et terre	17,3	4,13
Eau	0,0	76,17
	100,0	100,00

Composition des cendres des excréments du cheval

Phosphate de chaux	5,00
Carbonate de chaux	18,75
Phosphate de magnésie	36,25
Silice	40,00
	100,00

(Liebig, *Traité de Chimie org.*)

Excréments de la vache.

Analyse ultime par M. Liebig.

Carbone	6,204
Hydrogène	0,824
Oxygène	4,818
Azote	0,506
Cendres	1,748
Eau	85,900
	100,000

Cendre des excréments de vache. (Liebig.)

Phosphate de chaux	10,9
Phosphate de magnésie	10,0
Phosphate de fer	8,5
Chaux	1,5
Sulfate de chaux	3,1
Chlorure de potassium	traces.
Silice	64,7
Perte	1,3
	100,0

Cendres des excréments de cheval, de vache, de porc et de mouton, selon M. Roger.

	Cheval.	Vache.	Porc.	Mouton.
Silice	62,40	62,54	13,19	50,11
Potasse	11,30	2,91	3,60	6,32
Soude	1,98	0,98	3,44	3,28
Sel marin	0,03	0,23	0,89	0,14
Phosphate ferrique	2,73	8,93	10,55	3,98
Chaux	4,63	5,71	2,03	18,15
Magnésie	3,84	11,47	2,24	5,45
Acide phosphorique	8,93	4,76	0,41	7,52
Acide sulfurique	1,83	1,77	0,90	2,69
Acide carbonique	» »	» »	0,69	» »
Sable	» »	» »	61,37	» »

Guano.

On donne le nom de guano à des dépôts de matières terreuses ou pulvérulentes que l'on a rencontrées dans certaines îles de l'Océan pacifique et sur les côtes occidentales du continent américain.

On a vu paraître le guano de Patagonie, le guano de Californe, celui de l'île Malden, celui des îles Baker et Jervis et du Pérou.

Le guano du Pérou est le plus important de tous.

Il vient des îles *Chinchas*, qui existent près des côtes de ce pays.

Le guano du Pérou est le seul qui contienne de l'azote en quantité notable. On y en trouve jusqu'à 0,180 Il contient, en outre, du phosphate de chaux excessivement divisé et du phosphate de soude. Il est sous forme d'une poudre mêlée de nodules, d'une couleur de canelle de Ceylan. Il répand une forte odeur ammoniacale mêlée avec une odeur spéciale et désagréable.

Lorsqu'on le brûle sur une *pelle rouge* et qu'on le remue avec une petite tige de fer, il laisse un résidu blanc. Ce résidu est presque entièrement soluble dans l'acide azotique ou dans l'acide chlorhydrique dilué.

Tout guano du Pérou qui ne possède pas ces propriétés est falsifié.

Le poids du décilitre du guano du Pérou est d'environ 68 grammes.

La composition moyenne du guano qui est actuellement dans le commerce peut être établie ainsi :

Humidité et matières volatiles	0,180
Azote	0,160
Complément organique de l'azote	0,230
Acide phosphorique	0,120
Sels solubles	0,150
Résidu insoluble dans les acides	0,020
Complément minéral	0,140
	1,000

Les matières volatiles comprennent de l'eau et du carbonate d'ammoniaque. La quantité de ce dernier sel est très considérable, car, entre le guano naturel et le guano desséché dans une étuve, on trouve une différence dans la quantité d'azote qui est d'environ de 0,020.

Les sels solubles sont principalement formés de sels sodiques, sulfate, chlorure et phosphate; cependant il arrive qu'ils précipitent par le bi-chlorure de platine comme s'ils contenaient de la potasse; mais le précipité recueilli et calciné ne laisse que de l'éponge de platine; ce qui prouve qu'il était du chloroplatinate ammoniaque. Cela démontre encore que le guano du Pérou contient du phosphate d'ammoniaque qui peut résister à la calcination lorsque la température n'est pas très élevée.

Le guano des îles *Baker* et *Jervis* est d'un blanc fauve qui ne possède aucune odeur appréciable.

Le poids du décilitre de ce guano est d'environ 88 grammes.

Dans ce guano l'azote est en très faible quantité : 5 à 13 millièmes.

L'acide phosphorique varie de 0,286 à 0, 369.

La composition moyenne de plusieurs analyses que j'ai eu l'occasion de faire peut être représentée ainsi qu'il suit :

Humidité	0,148
Azote	0,010
Complément organique	0,056
Acide phosphorique	0,325
Sels solubles	0,000
Résidu insoluble dans les acides	0,003
Complément minéral	0,458
	1,000

0,325 d'acide phosphorique représentent 0,703 de phosphate tri-calcaire.

Ainsi que cette analyse le démontre, ce produit ne contient d'autre produit utile que l'acide phosphorique, et son prix, qui est de 18 à 20 fr. les 100 kilogrammes, est trop élevé pour qu'il puisse lutter contre les coprolithes et même contre l'apatite.

MAGNÉSIE.

La magnésie est indispensable à la plupart des végétaux et notamment au blé.

Il en existe des quantités inépuisables dans les eaux-mères des salines qui pourraient être livrées à un prix excessivement minime. On la trouve aussi en abondance à l'état de sulfate dans certaines eaux minérales, telles que celles d'Epsom et de Sedlitz. Elle existe encore dans la dolomie, qui est un carbonate double de chaux et de magnésie. La magnésite ou écume de mer, qui est un silicate de magnésie hydratée; la brucite, qui est de la magnésie hydratée, pourraient la fournir au besoin.

Les eaux-mères des salines contiennent du chlorure sodique (sel marin), du sulfate de magnésie ou du chlorure de magnésium et du sulfate de soude, selon la température. On y trouve en outre du brôme et de l'iode en très petite quantité.

La dolomie, ou magnésie carbonatée pure, aurait la composition suivante :

Carbonate de magnésie	42
Carbonate de chaux	50
	92

d'où magnésie 20/92es

Mais elle contient souvent du carbonate de fer, de la silice et un peu d'eau.

La brucite est composée de :

Magnésie	20
Eau	9
	29

Elle peut contenir du fer, du manganèse et de la silice.

La *magnésite* contient environ 20 p. 0/0 de magnésie; le reste est de l'acide silicique et de l'eau.

Le sulfate de magnésie est ainsi composé :

Acide sulfurique anhydre	40
Magnésie	20
Eau	63
	123

Noir des raffineries.

Ce produit est du charbon animal en poudre très fine qui a servi pour clarifier des sirops en employant le concours du sang des abattoirs. Il en résulte que ce produit est formé de noir d'os, d'albumine coagulée, d'un peu de sucre, de matières colorantes, d'impuretés, de sirops et d'eau.

Le procédé de la clarification ayant été abandonné par toute la France n'est plus pratiqué qu'à Bordeaux, et encore ne l'est-il que dans quelques raffineries; aussi ce produit devra-t-il bientôt disparaître. Quant au noir en grains, qui a remplacé le noir fin qui sert pour filtrer et décolorer les sirops des raffineries, il est revivifié par de nouvelles calcinations, et il disparaît peu à peu en s'usant. Il n'y a plus que la poudre du tamisage des produits calcinés qui puisse être utilisée par l'agriculture.

Il n'y a pas de substance qui soit sujette à plus de falsifications que le noir de raffinerie.

Dans ces produits, l'azote varie de 0,004 à 0,020 et l'acide phosphorique de 0,169 à 0,193, à l'état humide.

Un bon noir de raffinerie, après avoir été desséché, doit laisser un résidu blanc lorsqu'on le calcine sur une pelle rouge. Ce produit ne doit laisser voir aucun grain de sable lorsqu'on le regarde à la loupe, et il doit se dissoudre presque entièrement dans l'acide azotique ou l'acide chlorhydrique dilué ou étendu de 7 à 8 fois le volume d'eau.

Le poids du décilitre de noir de raffinerie varie de 75 à 85 grammes.

Sa composition moyenne peut être représentée comme il suit :

Humidité	0,250
Azote	0,015
Complément combustible	0,147
Acide phosphorique	0,180
Résidu inattaquable	0,040
Complément minéral	0,368
	1,000

0,180 d'acide phosphorique représentent 0,390 de phosphate tricalcaire.

Os.

Les os du commerce viennent des chevaux abattus ou des cuisines. Ils sont en général ramassés par les chiffonniers ou les boueurs des villes.

La composition des os frais, supposés propres, peut être, en nombres ronds, représentée par :

Histose ou matière animale gélatinifiable	0,300
Phosphate tri-calcaire	0,600
Chaux carbonatée, magnésie et fluor	0,100
	1,000

Les os spongieux, aussi bien que les os longs à moëlle,

sont imprégnés de graisse dont il importe de les débarrasser. Il a été dit comment il fallait opérer (XVII. — V.).

Os dégélatinisés.

On donne ce nom à des os qui ont été chauffés au contact de l'eau dans une chaudière autoclave pour en extraire une bonne partie de la gélatine. Ces os sont friables, et par suite très faciles à réduire en poudre. Ils renferment encore 10 à 15 0/0 de matière animale azotée.

Des os de cette espèce, que j'ai eu l'occasion d'analyser, m'ont donné les résultats suivants :

	I	II
Humidité	0,114	0,045
Azote	0,025	0,020
Complément organique	0,136	0,177
Acide phosphorique	0,281	0,294
Sels solubles	0,004	0,004
Résidu inerte	0,006	0,005
Complément minéral	0,434	0,455
	1,000	1,000

La moyenne de l'acide phosphorique, 0,2875, correspond à 0,623 de phosphate tricalcaire.

Os calcinés.

Les os calcinés ne contiennent plus de matière animale. Ils sont blancs et fragiles. Leur composition résulte de celle des os; elle est sensiblement représentée par un mélange d'un septième de chaux carbonatée et de six septièmes de chaux phosphatée, soit :

Chaux carbonatée	0,142
Chaux phosphatée	0,858
	1,000

0,858 de phosphate tricalcaire correspondent à 0,396 d'acide phosphorique.

Phosphates.

Les caractères des phosphates les plus faciles à mettre en évidence ont été indiqués (XVII. — V.).

Le phosphate des os est tribasique et contient exactement 6/13e d'acide phosphorique, de telle manière que ces deux nombres 6 et 13 peuvent servir pour calculer la quantité d'acide phosphorique contenue dans le phosphate tricalcaire ou pour trouver la quantité de phosphate calcaire que cet acide peut produire. On obtient plus simplement encore, et avec une approximation suffisante, la quantité d'acide phosphorique contenue dans une quantité donnée de phosphate de chaux en la multipliant par 0,46, et celle de phosphate qu'une quantité d'acide phosphorique peut donner, en la divisant par le même nombre.

Les principaux phosphates tribasiques ont la composition suivante :

Phosphate tri-calcaire.

Acide phosphorique	72
Chaux	84
	156

Phosphate ammonico-sodique.

Acide phosphorique	72
Soude	62
Azote	14
Eau et hydrogène	13
	161

Phosphate ammonico-magnésique.

Acide phosphorique	72
Magnésie	40
Azote	14
Hydrogène	3
Eau	156
	285

Phosphate d'ammoniaque.

Acide phosphorique	72
Azote	14
Hydrogène	3
Eau	27
	116

Phosphate potassique cristallisable.

Acide phosphorique	72
Potasse	47
Eau	18
	137

Phosphate sodique cristallisé.

Acide phosphorique	72
Soude	62
Eau	225
	359

PLATRE.

Le plâtre pur est du sulfate de chaux. L'eau en dissout 1/430 de son poids. Sa composition peut être représentée ainsi :

Acide sulfurique anhydre	40
Chaux	28
	68

Le plâtre des carrières de Paris contient environ un dixième de matières étrangères représentées presque entièrement par de la chaux carbonatée.

Le plâtre est le produit de la calcination du *gypse*. Dans cette opération, ce produit perd 18/86 de son poids d'eau et il reste 68 de plâtre ayant la composition indiquée ci-dessus.

POUDRETTE.

On donne ce nom aux déjections humaines desséchées. La dessiccation de ces matières est lente et difficile. Elles répandent dans l'air des produits infects et très malsains.

Les procédés que l'on emploie aujourd'hui sont encore barbares. Les matières fécales subissent une fermentation qui pourrait recevoir le nom de *putréfaction*. Pendant cette opération, elles perdent la majeure partie de l'azote qu'elles contiennent. Cet azote s'échappe à l'état de carbonate et d'hydrosulfate d'ammoniaque.

A Bordeaux, on prépare deux espèces de poudrettes avec les vidanges de la ville. L'une est faite avec les matières fécales, auxquelles on ne manque pas de mêler une bonne partie de terre noire de marais ; aussi donne-t-elle jusqu'à 20 pour cent d'un produit incombustible et insoluble dans les acides, qui est du sable en gros grains roulés, qui est spécial à la localité.

Cette poudrette se faisant plus rapidement que celle de Paris, dont nous avons les analyses, est au moins aussi riche qu'elle, malgré l'addition dont elle est l'objet.

La deuxième espèce est faite avec les eaux-vannes dont on arrose la même terre de marais. Elle se vend sous le nom de *poudrette de seconde qualité.*

Cette poudrette contient jusqu'à plus de 40 pour cent de sable, *et cependant sa richesse en acide phosphorique et en azote n'est point inférieure à celle de la poudrette dite de première qualité.* Cela tient à ce que les urines, qui entrent en grande partie dans les eaux-vannes, contiennent ces deux produits en quantité considérable.

La poudrette est vendue à Bordeaux de 3 fr. 50 à 6 fr. l'hectolitre, selon les circonstances.

Le procédé que l'on suit pour la fabriquer, quoique frauduleux en apparence, est cependant supérieur à celui employé à Paris, puisqu'il donne un produit plus riche et relativement plus abondant.

Le poids d'un décilitre de cette poudrette varie entre 44 et 54 grammes.

Composition moyenne de la poudrette de Bordeaux.

Humidité	0,234
Azote	0,020
Complément organique	0,242
Acide phosphorique	0,025
Résidu inerte	0,259
Complément minéral	0,220
	1,000

Poulaïte.

On donne ce nom aux excréments des poules.

J'ai eu l'occasion d'en faire l'analyse et lui ai trouvé la composition suivante :

Humidité	0,082
Azote	0,068
Complément organique de l'azote	0,411
Acide phosphorique	0,056
Résidu inerte (sable siliceux)	0,276
Complément minéral	0,276
	1,000

Une analyse des excréments de poule et de coq exécutée par M. Sacc a donné les résultats suivants :

Carbone	0,220
Hydrogène	0,029
Azote	0,019
Oxygène	0,201
Cendres	0,531
	1,000

Selon Vauquelin, la partie minérale ou la cendre de ces excréments est composée ainsi qu'il suit :

Phosphate tri-calcaire	0,443 à 0,550
Carbonate de chaux	0,040 à 0,088
Gravier	0,517 à 0,462

Sang.

Le sang tel qu'on l'extrait des animaux contient un peu moins que 4/5 d'eau. Le cinquième restant est essentiellement formé de matières albuminoïdes (albumine, fibrine, globuline), d'une matière colorante rouge qui contient du fer, et de toutes les matières minérales qui se trouvent dans les aliments solides et liquides. Le sang complètement desséché contient jusqu'à 0,172 d'azote.

Le sang de l'abattoir de Bordeaux coule dans une rigole et se rend dans un réservoir. L'eau des lavages s'y réunit, de telle manière qu'il en contient une quantité assez considérable.

Ce sang, soumis à la dessiccation, n'a donné que 0,115 de résidu solide, au lieu de 0,210 qu'il aurait dû donner, d'où il résulte qu'il contient 0,885 d'eau, au lieu de 0,790, et qu'on y a ajouté un peu plus que 11 pour cent d'eau.

Le sang normal, sortant des vaisseaux des animaux, contient 0,036 d'azote; celui de l'abattoir n'en contient que 0,019.

Je dois ajouter que ces résultats datent d'une dizaine d'années, et qu'ils sont antérieurs à la prise de possession de l'abattoir par l'administration municipale.

Sel marin et sel gemme.

Ces sels sont identiques et formés de chlore et de sodium dans les proportions suivantes :

Chlore	36
Sodium	23
	59

Le sel marin non purifié contient toujours une quantité notable d'humidité et du chlorure de magnésium, indépendamment de quelques impuretés insolubles dans l'eau.

Sel des varechs.

Les sels des varechs sont les produits du lessivage des cendres de ces plantes marines.

Les sels des varechs sont riches en sels de potasse ; le sulfate y varie de 0,180 à 0,220, et le chlorure de potassium de 0,100 à 0,196.

Le reste est représenté par quelques centièmes d'humidité et du sel marin. Le carbonate de soude ne s'y trouve qu'en petite quantité ou bien y manque complétement, selon les analyses de Gay Lussac, de M. Girardin et les miennes.

Un sel du commerce m'a donné :

Humidité	0,0150
Impuretés insolubles	0,0059
Sulfate de potasse	0,1800
Chlorure de potassium	0,0709
Chlorure de sodium	0,7282

Sulfate de potasse.

Le sulfate de potasse qui se trouve aujourd'hui dans le commerce provient du traitement des sels extraits des varechs qui croissent sur le bord de la mer. (Voyez *Sel de varechs*).

Le sulfate de potasse pur a la composition suivante :

Acide sulfurique anhydre........................	40
Potasse (oxyde de potassium).....................	47
	87

Le sulfate de potasse non purifiée contient toujours une petite quantité d'humidité, du chlorure de potassium et du chlorure de sodium.

SULFATE DE SOUDE.

L'industrie livre au commerce et à l'industrie du sulfate de soude anhydre fait avec le sel marin. Si ce sel était pur il aurait la composition suivante :

Acide sulfurique anhydre........................	40
Soude (oxyde de sodium)........................	31
	71

Le sulfate de soude cristallisé, qui porte aussi le nom de sel de Glauber, contient en outre 90 parties d'eau.

URINE.

L'urine des mammifères contient des matières organiques destructibles par la chaleur et des composés salins solubles dans l'eau, mais pouvant donner des cendres qui ne le sont qu'en partie. Leur composition varie selon la nourriture des animaux.

Les animaux qui vivent de proie vivante, tels que les oiseaux de nuit, chouette, chat-huant et les grands serpents, rendent des déjections à demi solides qui comprennent les urines et les matières fécales. Elles sont principalement formées d'une matière azotée qui porte le nom d'*acide urique*, de phosphate et de carbonate calcaires. D'où l'on voit que les excréments d'oiseaux carnivores que l'on trouve souvent dans les clochers des églises peuvent être la base d'un engrais très riche.

L'homme, qui est omnivore, rend une petite quantité d'acide urique dans ses urines; mais on y trouve principalement une matière fortement azotée qui a reçu le nom d'URÉE. Par une espèce de fermentation, qui s'effectue rapidement quand la température est suffisamment élevée, l'urée se transforme en *carbonate d'ammoniaque,* et c'est à ce dernier produit qu'est due l'odeur forte et désagréable des urines putréfiées.

On trouve aussi dans l'urine des phosphates et des sels potassiques et sodiques en quantité très notable.

Les animaux herbivores, en général, ont aussi plus ou moins d'urée dans leurs urines; mais la matière azotée que l'on y rencontre en plus grande quantité est de l'*acide hippurique.* Cet acide, par la fermentation, se transforme rapidement en *acide benzoïque* et en *glycocol* ou sucre de gélatine. On trouve le même produit dans l'urine des enfants à la mamelle.

Le cheval, consommant de l'avoine, qui est assez fortement azotée, et le porc, qui est omnivore, rendent généralement des urines plus azotées que celle de la vache.

La composition de l'urine humaine a été l'objet des recherches d'un grand nombre d'expérimentateurs.

On peut, en la simplifiant, la résumer ainsi :

Eau	0,933
Urée	0,030
Acide urique	0,001
Matières organiques autres que les précédentes	0,017
Sels minéraux	0,019
	1,000

Les sels ont la composition suivante, exprimée en millièmes du poids de l'urine :

	millièmes.
Potasse	2,0
Soude	5,0
Acide sulfurique	3,5
Acide phosphorique	2,9
Chlore	3,7
Chaux et magnésie, environ	0,9
Fluor	traces.
	18,0

En vingt-quare heures, un homme rend de 1 à 2 litres d'urine contenant en moyenne 30 à 40 grammes d'urée, renfermant 14 à 19 grammes d'azote.

M. Boussingault a trouvé que les *urines de cheval*, de *vache* et de *porc* ont la composition suivante :

	Cheval.	Vache.	Porc.
Urée	31,00	18,48	0,490
Hippurate de potasse.	4,74	16,51	»
Lactate de potasse	11,28	17,16	indéterminées.
Lactate de soude	8,81	»	indéterminées.
Bicarbonate de potasse.	15,50	16,12	1,074
Carbonate de chaux	10,82	0,55	traces.
Carbonate de magnésie	4,16	4,74	0,037
Sulfate de potasse	1,18	3,60	0,198
Chlorure de sodium	0,74	1,52	0,128
Silice	1,01	traces.	0,007
Phosphate	»	»	0,102 (1)
Eau et matières indéterminées	910,76	921,32	97,914
	1,000,00	1000,00	99,950

(1) Phosphate de potasse.

Urine du bœuf, selon M. Bibra.

	I	II
Matières extractives solubles dans l'eau	22,48	16,43
Matières extractives solubles dans l'alcool	14,21	10,20
Sels solubles dans l'eau	24,42	25,77
Sels insolubles	1,50	2,22
Urée	19,76	10,21
Acide hippurique	5,55	12,00
Mucus	0,07	0,06
Eau	912,01	923,11
	1000,00	1000,00

La cendre de l'urine a donné :

Carbonate de chaux	1,07
— de magnésie	6,93
— de potasse	77,28
Sulfate de potasse	13,30
Chlorure de sodium	0,30
Silice	0,35
Trace de fer et perte	0,77
	100,00

Urine des ânes, analyse qualitative de Brandes.

Carbonate et sulfate de soude, — chlorure de sodium, — de potassium (peu).

Phosphate de chaux et urée, plus que dans l'urine de cheval.

Urine de veau, analyse de Braconnot.

Phosphate ammoniaco-magnésien	0,18
Chlorure de potassium	3,22
Sulfate de potasse	0,44
Matière animale et urée	2,36
Phosphates de potasse, de chaux et de fer	traces.
Acide combustible uni à la potasse	traces.
Silice	traces.
Mucus et chlorure de sodium	traces.
Eau	993,80
	1,000,00

Urine de mouton, du même auteur.

Un litre renferme en matières solides :

Chlorure de potassium..	6,13
Sulfate de potasse	3,74
Carbonate de magnésie	1,40
Urée, matière animale, hippurate et bicarbonate de potasse. — Carbonate de chaux, mucus et oxyde de fer	indéterminés.

Urine de chèvre, selon M. Bibra.

Matières extractives solubles dans l'eau	1,00	0,56
Matières extractives solubles dans l'alcool	4,54	4,66
Sels solubles dans l'eau	8,50	8,70
Sels insolubles	0,80	0,40
Urée	3,78	0,76
Acide hippurique	1,25	0,88
Mucus	0,06	0,05
Eau	980,07	983,99
	1,000,00	1,000,00

ERRATUM.

Page 80. — 8e ligne du tableau : Oxygène et hydrogène, au lieu de : **6 200**, lire : **7 000**.

Bordeaux. Impr. G. Gounouilhou, rue Guiraude, 11.

www.ingramcontent.com/pod-product-compliance
Ingram Content Group UK Ltd.
Pitfield, Milton Keynes, MK11 3LW, UK
UKHW021150260726
13994UKWH00001B/364

9 782329 375793